Sumitra Chanda
Jyoti Pande
Sumitra Chanda

Potencial fitoquímico e antioxidante de Pterocarpus santalinus Linn

Sumitra Chanda
Jyoti Pande
Sumitra Chanda

Potencial fitoquímico e antioxidante de Pterocarpus santalinus Linn

ScienciaScripts

Imprint

Cover image: www.ingimage.com

This book is a translation from the original published under ISBN 978-3-330-34206-4.

Publisher:
Sciencia Scripts
is a trademark of
Dodo Books Indian Ocean Ltd. and OmniScriptum S.R.L publishing group

120 High Road, East Finchley, London, N2 9ED, United Kingdom
Str. Armeneasca 28/1, office 1, Chisinau MD-2012, Republic of Moldova, Europe
Printed at: see last page
ISBN: 978-620-7-65881-7

Índice de conteúdos:

Potencial fitoquímico e antioxidante de *Pterocarpus santalinus* Linn

Savan Donga, Jyoti Pande e Sumitra Chanda*
Laboratório Fitoquímico, Farmacológico e Microbiológico, Departamento de Biociências, Universidade de Saurashtra - Rajkot, 360 005, Gujarat, Índia
***Autor correspondente**
Correio eletrónico: svchanda@gmail.com

Capítulo 1

1. Introdução

Os radicais livres ou espécies reactivas de oxigénio (ERO) são moléculas altamente reactivas e instáveis com electrões não emparelhados. São produzidos por vários factores, como poluentes, gases de escape de automóveis, fumo, radiação, pesticidas, etc., e também são produzidos como condição fisiológica normal no corpo humano. A produção excessiva de radicais livres, como o peróxido de hidrogénio (H_2O_2), o ácido hipocloroso (HOCl), o radical hidroxilo (-OH), o anião superóxido (O_2^-), o dióxido de azoto (NO_2^-), etc., dá origem ao stress oxidativo (Mikulikova e Popov, 2001). De facto, é o desequilíbrio entre os radicais livres e a capacidade intracelular do corpo humano para remover os radicais livres que resulta no stress oxidativo. Os radicais livres causam danos em biomoléculas vitais como lípidos, proteínas, ácidos nucleicos, vitaminas, etc. (Lee *et al.,* 2012). O stress oxidativo induzido pelos radicais livres pode resultar na destruição, desintegração e mutação da membrana celular e das proteínas da membrana, o que pode aumentar ainda mais a possibilidade de vários tipos de doenças, como o cancro, a aterosclerose, as doenças cardiovasculares, a doença de Parkinson, a lesão hepática e a artrite reumatoide (Alok *et al.,* 2014).

Os antioxidantes são compostos ou substâncias que eliminam os radicais livres ou o oxigénio singlete e proporcionam proteção contra o stress oxidativo. Os antioxidantes naturais presentes no corpo humano são enzimáticos: glutatião peroxidase, superóxido dismutase, catalase e não enzimáticos: ácido ascórbico, glutatião, P-carotenóides e a-tocoferol, que têm a capacidade de eliminar os radicais livres. Quando os compostos antioxidantes naturais do corpo humano não são eficazes, são necessários compostos antioxidantes de fontes exógenas (Cesaratto *et al.*, 2004). Alguns antioxidantes sintéticos, como o butil-hidroxianisol (BHA), a terc-butil-hidroquinona (TBHQ) e o butil-hidroxi-tolueno (BHT), são amplamente utilizados na indústria alimentar; no entanto, como têm efeitos cancerígenos, a sua utilização é limitada (Namiki, 1990). Assim, existe uma necessidade urgente de identificar compostos antioxidantes naturais novos e eficazes a partir de plantas que sejam seguros, com menos efeitos secundários e facilmente disponíveis.

As substâncias derivadas de plantas, denominadas fitonutrientes ou fitoquímicos ou metabolitos secundários, como fenólicos, flavonóides, alcalóides, taninos, cumarinas, glicosídeos, saponinas e esteróides, são conhecidas pela sua atividade antioxidante (Fig. 1). A lista de algumas plantas medicinais, as suas partes, o solvente utilizado e a sua atividade fitoquímica e antioxidante quantitativa avaliada são apresentados no Quadro 1.

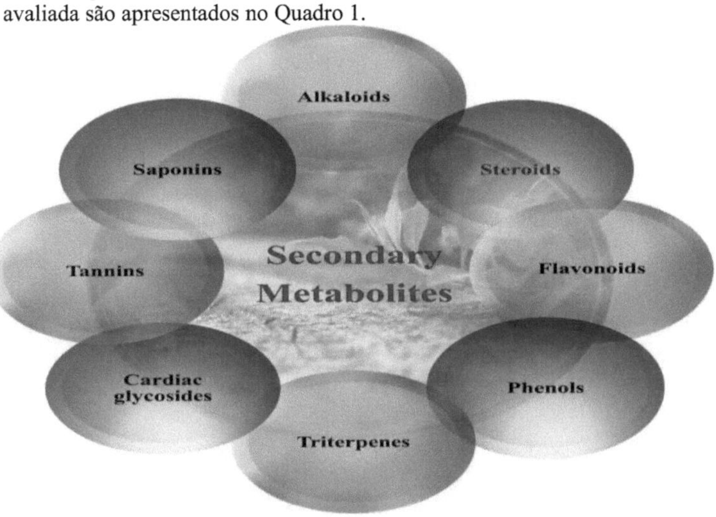

Fig. 1 Metabolitos secundários presentes nas plantas

Tabela 1. Lista de algumas plantas medicinais, suas partes, solventes utilizados e sua análise fitoquímica quantitativa e atividade antioxidante

Não -	**Nome da planta**	**Peça utilizada**	**Solventes Usado**	**Fitoquímicos testados**	**Antioxidante Ensaio**	**Referências**
1	*Achillea odorata* L.	Folha	ELE, 80% ME	TPC, TFC, FC	DPPH, FRAP, H_2O_2	Boutennoun *etal.,* 2017
2	*Eugenia caryophyllus* L. *Cinnamomum zylancium* L.*Cumin cyminum* L. *Zanthoxylum alatum* Roxb.	Planta inteira	ET	-	DPPH	Dahal *et al.,* 2017
3	*Rosa canina* L.	Fruta Flor	ME	TPC, TFC	DPPH, ABTS, FRAP	Jemaa *et al.,* 2017

4	*Quercus infectoria* Oliv.	Raiz Nutgall	ME, ET, AQ	TPC, TFC, PA, PPC	DPPH	Hamad *et al.*, 2017
5	*Phoenix paludosa* Roxb.	Folha	HE,CF, EA,ME	TPC, TFC	DPPH,AB TS	Samarakoon *et al.*, 2016
6	*Olea europaea* L.	Folha	ME	TPC,TFC	DPPH	Kontogianni e Gerothanassis , 2012
7	*Broussonetia papyrifera* L.	Fruta	PE,AC, ET	TS, TP, TUA, PPC	DPPH, FRAP, OH	Han *et al,* 2016
8	*Opuntia ficus-indica* L.	Flor	AQ , ME, AN, AC, EA, DCM, HE	TPC, TFC	DPPH, B-caroteno, RCA	Ammar *et al.*, 2015

9	*Jatropha curcas* L.	Folha Raiz Caule Flor Casca	75% ET	TTC	DPPH, ABTS	Wei *et al,* 2015
10	*Verbena officinalis* L.	Folha de raiz	80% ME, 90% EU, 100% EU, CH	TFC	DPPH, FRAP, RCA	Abebe *et al.,* 2017
11	*Cinnamomum zeylanicum* Blume.	Casca	AQ	TPC, TFC	DPPH, ABTS, OH, NO, RCA, PMR	Sivaraj *et al.,* 2015
12	*Artemisia monosperma*	Calo (Raiz) Semente	70% EA	TPC, TFC	DPPH	Al-Gendy *et al.,* 2016
13	*Halimium halimifolium* L.	Folha Flor	30% ME, DCM, n-BT, EA	PPC, TFC, TCT	DPPH, ABTS, FRAP	Rebaya *et al.,* 2014

14	*Cissus cornifolia* (Baker).	Folha Raiz	ET, AQ	TPC	DPPH, FRAP, NO, HRS	Chipiti *et al.*, 2015
15	*Enicostemma verticillatum* L.	Folha	PE, CH, EA, ET, AQ	TPC, TFC, FC	FRAP, H_2O_2, RCA, PMR	Sharma *et al.*, 2015
16	*Nardostachysjat amansi* DC.	Raiz	70% ET, HE	TPC, TFC	DPPH, ABTS, SO, FRAP, MC	Razack *et al.*, 2015
17	*Curcuma caesia* Roxb_	Rizoma	HE, PE, BZ, CH, EA, ME, AQ	TPC	DPPH, PMb, TBAR,	Reenu *et al.*, 2015
18	*Terminalia chebula* L.	Casca	HE, CH, EA, AC, ME, AQ	TPC,TFC, FC, TCT, TP, AAC, CC	DPPH, OH, NO, SO, FRAP, TBARS, RCA	Venkatesan *et al.*, 2017

19	*Pyrus pashia* Burm. f	Flor	85% ET, PE, EA, BT, AQ	TPC, TFC	DPPH, FRAP	Ele *et al,* 2015
20	*Tagetes erecta* L.	Flor	AC	TPC, TFC	DPPH, ABTS, SO, FRAP, RCA	Pad aliae Chanda, 2014
21	*Eriobotrya japónica* L.	Fruta, polpa com casca	AQ, ET, 1% FA	TPC	DPPH, ABTS, FRAP	Zhang *et al.*, 2015
22	*Pinus gerardiana* Wall.	Nozes	DCM, ET, EA, HE, ME, AQ	TPC	DPPH, FRAP, ABTS	Hoon *et al.*, 2014

23	*Psychotriac arthagenensis* Jacq. *Psychotriac deflexa* DC. *Psychotriac leiocarpa* Cham & Schltdl. *Psychotriac apillacea* Arg.	Folha	ME	TPC, TFC, FC, TCT	ß CT, DPPH, ABTS	Formagio *et al.*, 2014
24	*Solanum tuberosum* L.	Descascar	80% n-ELE, 80 % CF, 80 % EA, 80 % ME	TPC	RCA, DPPH	Babbar *et al.*, 2014
25	*Cleome viscose* Linn.	Folha, caule, vagem, raiz	ET	TPC	DPPH	Sriwatcharakul, 2016
26	*Momordica charantia* L.	Fruta	99% ET	TPC	DPPH	Sutanto *et al.*, 2015

27	*Clinacanthus nutans* L.	Folha, caule	ET, AQ	TPC, TFC, TPSC	-	Mustapa *et al.*, 2015
28	*Solanum tuberosum* L.	Descascar	ME	TPC	DPPH	Singh *et al.*, 2011
29	*Gloriosa soberba* L.	Folha, caule	HE, EA, ME	TPC, TFC	SO, RCA FRAP,	Moteriya *et al.*, 2014
30	*Tinosporacordifolia* (Miers.)	Caule	ET, ME	TPC	DPPH	Upadhyay *et al.*, 2013
31	*Inula viscosa* L.	Peças aéreas	ET, EA	TPC, TFC	DPPH, RCA	Chahmi *e al.*, 2015

32	*Nardostachysjat amansi* DC.	Raiz	70% ET, HE	TPC, TFC	DPPH, ABTS, SO, MC FRAP,	Razack *et al.*, 2015
33	*Rosa agrestis* Savi.	Folha	PE, CF, 60% ET, 95% ET, AQ, BZ, EA	TPC, TFC, PC	PCT DPPH, FRAP, SO, HO, TRAP, FIC	Bitis *et al.*, 2010

Solventes:-PE-Éter **de petróleo**, TO-Tolueno, EA-Acetato de etilo, AC-Acetona, ME-Metanol, AQ-Água, ET-Etanol, CH-Clorofórmio, HE-Hexano, DCM-Diclorometano, BT-butanol, BHT-Hidroxitolueno butilado, AN-acetonitrilo, BZ-Benzeno, FA-Ácido fórmico.
Fitoquímicos:-TPC= Teor total de fenóis, PA= Teor de ácidos fenólicos, TFC= Teor total de flavonóides, FC= Teor de flavonóis, PC= Teor de proantocianidinas, DCM- Diclorometano, TTC- Teor de triterpenóides, PPC - Teor de polifenóis, TPSC - Teor total de fitoesteróis, TS - Açúcares totais, TP - Proteínas totais, TUA - Ácido urónico total, TCT - Taninos condensados totais, AAC - Teor de ácido ascórbico, CC - Teor de hidratos de carbono.
Actividades antioxidantes:- DPPH- 2, 2-difenil-1-picrilhidrazil, ABTS -2,2'-Azino-bis- (3-etil)benzotiazolie-6-ácido sulfónico, FRAP - Ensaio do poder antioxidante redutor férrico, (SO-Atividade de eliminação do radical superóxido, RCA- Avaliação da capacidade redutora, OH/HRS- Atividade de eliminação do radical hidroxilo, NO-Atividade de eliminação do radical óxido nítrico, TRAP-Potencial antioxidante radicalar total, H2O2-Peróxido de hidrogénio, FIC-Quelação de iões ferrosos, PMR- Ensaio de redução do fosfomolibdénio, TBAR-Substâncias reactivas ao ácido tiobarbitúrico, PCT- p- Caroteno, PMb-Método do fosfomolibdénio, MC-Quelação de metais,
Os compostos antioxidantes encontram-se em várias partes das plantas, tais como folhas, sementes, óleos, cascas, caules, cascas, frutos, flores, polpa, raiz, e são referidos como tendo muitos efeitos biológicos, ou seja, as plantas ricas em antioxidantes apresentam propriedades antibacterianas, antiulcerosas, anticancerígenas, antidiabéticas, antiproliferativas, anti-inflamatórias e hepatoprotectoras (Fig. 2). Por isso, é muito importante selecionar plantas ricas em atividade antioxidante. Há muitos relatos na literatura de que existe uma correlação direta entre os compostos fenólicos e flavonóides das plantas e a atividade antioxidante (Kaneria *et al.*, 2012; Skotti *et al.*, 2014; Singh *et al.*, 2016). Existem relatórios em que outros fitoconstituintes também apresentam atividade antioxidante. Por exemplo, flavonóides (Hatamnia *et al.*, 2014), alcalóides (Liu *et al.*, 2014), taninos (Muhacir-Guzel *et al.*, 2014).

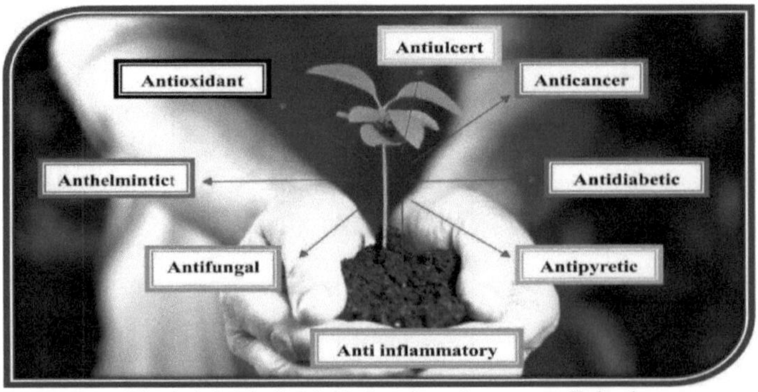

Fig.2 Atividade biológica das plantas medicinais

Os fenólicos estão amplamente distribuídos no reino vegetal e são os metabolitos secundários mais abundantes encontrados nas plantas. Incluem polifenóis, flavonóides, taninos conhecidos pelas suas potentes actividades biológicas como antimicrobiana, antioxidante e citotóxica (Pahari *et al.*, 2012; Cushnie e Cordeiro, 2011). Todos os compostos fenólicos possuem um anel aromático com um ou mais grupos hidroxilo. Os polifenóis são diversos na natureza. Podem ser combinados com proteínas, açúcares ou derivados polimerizados e são diferentes em diferentes plantas e diferentes em diferentes partes da mesma planta. Estão localizados nos vacúolos celulares. Os fenólicos nas plantas têm muitas funções, desde estruturais a protectoras. Actuam principalmente como mecanismo de defesa contra pragas, insectos, microorganismos e radiação UV (Bochi *et al.*, 2014).

Os flavonóides são fitoconstituintes omnipresentes nas plantas e actuam como antimicrobianos, antioxidantes, atractivos visuais, repelentes alimentares e fotorreceptores. Têm vários efeitos benéficos para a saúde humana, como o efeito antioxidante e quelante, que são mais importantes para as acções antioxidante, antialérgica, antimicrobiana, anti-inflamatória, antiviral, anticancerígena e vasodilatadora (Pietta, 2000; Dajas *et al.*, 2005; Garcia e Castillo, 2008; Huang *et al.*, 2014). Os metabolitos secundários incluem alcalóides com uma série de actividades fisiológicas e biológicas anti-úlcera, antioxidante (Koduru *et al.*, 2007; Tsoi *et al.*, 2015), anti-inflamatória, antibacteriana e anti-acetilcolinesterase (Wangchuk *et al.*, 2016). Os taninos são polifenóis solúveis em água que estão presentes em vários alimentos vegetais, como painço, feijão seco, cevada, alfarroba, ervilhas, feijão de asa, sorgo e frutas como maçãs, amoras, tâmaras, uvas, arandos, pêssegos, bananas, peras, morangos, framboesas e ameixas. Existem dois tipos de taninos: os taninos hidrolisáveis e os taninos condensados. Os taninos também possuem atividade antidiabética (Xie *et al.*, 2015), atividade antimicrobiana (Scalbert, 1991) e atividade antioxidante (Muccilli *et al.*, 2017). Os esteróides mostram atividades antiúlcera e antioxidante (Ahmad *et al.*, 2013), atividade anti-inflamatória (Vassallo *et al.*, 2013). Correa *et al.*, (2014) relataram atividade anti-inflamatória e antimicrobiana de partes aéreas de *Justicia acuminatissima* ricas em esteróides e triterpenos. As saponinas têm muitas propriedades farmacológicas benéficas, como anti-helmíntico (Ayaz *et al.*, 2014), anticancerígeno (Yan *et al.*, 2009), antimicrobiano (Avato *et al.*, 2006), antiurolítico (Patel *et al.*, 2012), antiúlcera (Zakaria *et al.*, 2011), etc.

A extração de compostos fenólicos ou metabolitos secundários pode ser fácil ou difícil, dependendo do tipo de compostos presentes em determinadas plantas. A eficiência da extração é afetada por vários factores, como os métodos de extração, a temperatura e o tipo de solvente. Por conseguinte, é necessário selecionar um método adequado para a extração de compostos bioactivos das plantas. Os métodos mais comuns utilizados para a extração de fitoquímicos de plantas são a maceração, a decocção, a percolação a frio, a extração por Soxhlet, a extração assistida por ultra-sons e a extração assistida por micro-ondas (Ammar *et al.*, 2015).

Fig. 3 ***Pterocarpus santalinus* Linn. f**

-I- Classificação botânica

Nome científico:- *Pterocarpus santalinus* Linn. f.

Reino: - Plantae

Divisão :-Angiospérmicas

Classe: - Dicotiledóneas

Encomenda:-Fabales

Família:- Fabaceae

Subfamília:-Faboideae

Género: - *Pterocarpus*

Espécie:- *santalinus*

Nome Vernáculo:- Rakta-chandan

Parte utilizada:- Folha, caule e casca

Espécime de controlo n.o:- Su/Bio/521/Thakrar

A Pterocarpus santalinus Linn..f. é vulgarmente conhecida como sandália vermelha e pertence à família Fabaceae. É um género de árvores e trepadeiras lenhosas distribuídas nos trópicos em todo o mundo e é uma espécie de planta ameaçada de extinção (Ahmed e Nayar, 1984). *P. santalinus* é uma árvore de folha caduca de tamanho pequeno a médio, com uma copa densa e redonda que atinge uma altura de 10 a 15 m e uma circunferência de cerca de 90 a 160 cm. A casca é tipicamente de cor castanha escura com placas rectangulares e profundamente fissurada quando madura. Quando chamuscada, exala uma goma de cor vermelha com numerosas estrias cor-de-rosa. A madeira vermelha produz um corante natural, a santalina, que é utilizado para colorir preparações farmacêuticas e géneros alimentícios. Tradicionalmente, tem muitas utilizações medicinais. Há muitas actividades relatadas para *P. santalinus*. Por exemplo, o potencial de cicatrização de feridas (Biswas *et al.*, 2004); atividade antibacteriana (Manjunatha, 2006a), atividade hepatoprotectora (Manjunatha, 2006b); efeito anti-helicobacter pylori (Narayan *et al.*, 2007); atividade anticancerígena (Kwon *et al.*, 2006); efeito de redução do açúcar no sangue (atividade anti diabética) (Nagaraju *et al.*, 2008); actividades anti-inflamatória, analgésica e antioxidante (Kumar, 2011); atividade anti-inflamatória e citotóxica (Wu *et al.*, 2011); toxicidade oral aguda e subcrónica (Tchamadeu *et al.*, 2011), atividade anti-inflamatória (Majumdar e Dave, 2013), estudos farmacognósticos (Donga et al., 2017a).

Tendo em conta o que precede, o objetivo do presente trabalho foi avaliar o potencial farmacognóstico, fitoquímico, antioxidante e citotóxico da folha, do caule e da casca de *Pterocarpus santalinus.*
Os objectivos estabelecidos são os seguintes:

> **Coleção de calças**

> **Extração:**

Método de extração por percolação a frio

- Método de extração individual por percolação a frio
- Método de extração por percolação a frio sucessiva

> **Análise fitoquímica quantitativa**

- Determinação do teor de fenóis totais
- Determinação do teor de ácidos fenólicos
- Determinação do teor de flavonóides totais
- Determinação do teor de flavonóis
- Determinação do teor de proantocianidinas

> **Atividade antioxidante:**

- Determinação do ensaio de eliminação do radical livre 2,2-difenil-1-picrilhidrazil (DPPH).
- Determinação do ensaio de atividade de eliminação do radical livre catiónico do ácido 2,2'-Azino-bis-(3-etil) benzotiazolina-6-sulfónico (ABTS).
- Ensaio de poder antioxidante de redução férrica (FRAP)
- Avaliação da capacidade de redução

Capítulo 2

2. Materiais e métodos

2.1 Recolha de plantas

As folhas, o caule e a casca de *P. santalinus* (espécime com comprovativo n.º - Su/Bio/521/Thakrar) foram recolhidos em Surat em agosto de 2016, Gujarat, Índia. Todas as três partes foram separadas, lavadas cuidadosamente com água da torneira, secas à sombra e homogeneizadas em pó fino e armazenadas em recipiente fechado para estudos posteriores.

2.2 Extração:

2.2.1 Método de percolação individual a frio

O pó seco de (folha, caule e casca) de *Pterocarpus santalinus* foi extraído individualmente pelo método de percolação a frio (Parekh e Chanda, 2007) utilizando diferentes solventes como éter de petróleo (PE), tolueno (TO), acetato de etilo (EA), acetona (AC), metanol (ME) e água (AQ) de polaridade variada. 10 g de pó seco foram adicionados a 150 ml de éter de petróleo (para desengordurar) num frasco cónico, que foi tapado com algodão e mantido num agitador rotativo a 120 rpm durante 24 h. Após 24 horas, o extrato foi filtrado com 8 camadas de tecido de musselina e centrifugado a 5000 rpm durante 10 min. O sobrenadante foi recolhido e o solvente foi completamente evaporado. Este resíduo desengordurado foi então adicionado a 150 ml de solventes (TO, EA, AC, ME, AQ) em diferentes frascos cónicos, tapados com algodão e mantidos num agitador rotativo a 120 rpm durante 24 h. Após 24 h, o extrato foi filtrado com 8 camadas de pano de musselina e centrifugado a 5000 rpm durante 10 min. O sobrenadante foi recolhido e o solvente foi completamente evaporado. O extrato seco foi armazenado a 4° C em frascos herméticos; os extractos foram pesados para obter o rendimento extrativo. A representação esquemática de diferentes extractos com solvente da folha, do caule e da casca de *P. santalinus* pelo método individual de percolação a frio é apresentada na Fig. 4.

(PEE - Extrato de éter de petróleo, TOE - Extrato de tolueno, EAE - Extrato de acetato de etilo, ACE - Extrato de acetona, MEE - Extrato de metanol, AQE - Extrato de água)

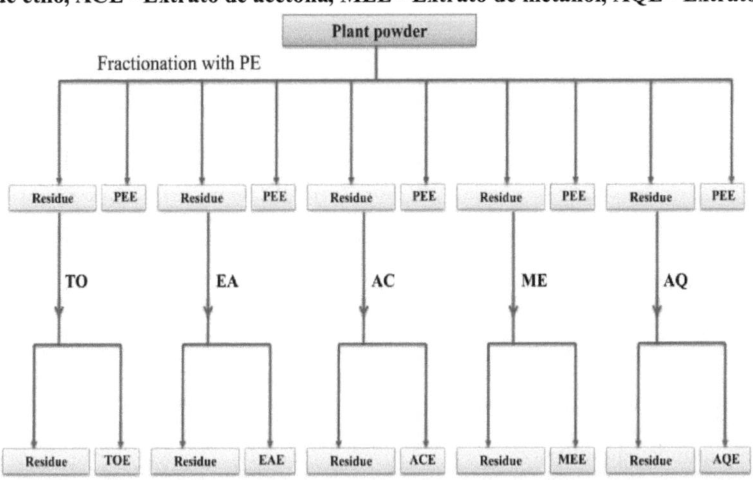

Fig. 4 Representação sistemática de diferentes extractos de solventes da folha, caule e casca de *P. santalinus* pelo método de percolação individual a frio

2.2.2 Método de percolação a frio sucessiva

O pó seco de (folha, caule e casca) de *Pterocarpus santalinus* foi extraído sucessivamente pelo método de percolação a frio (Kaneria e Chanda, 2013) utilizando diferentes solventes (PE, TO, EA, AC, ME e AQ) de polaridade variada. 10 g de pó seco foram adicionados a 150 ml de éter de petróleo (para desengordurar) num frasco cónico, que foi tapado com algodão e mantido num agitador rotativo a 120 rpm durante 24 h. Após 24 horas, o extrato foi filtrado com 8 camadas de pano de musselina e centrifugado a 5000 rpm durante 10 min. O sobrenadante foi recolhido e o solvente foi completamente evaporado. Este resíduo desengordurado foi então adicionado a 150 ml de solvente TO num erlenmeyer, que foi tapado com algodão e mantido num agitador rotativo a 120 rpm durante 24 h. Após 24 h, o extrato foi filtrado com 8 camadas de pano de musselina e centrifugado a 5000 rpm durante 10 min. O sobrenadante foi recolhido e o solvente foi completamente evaporado. Este mesmo resíduo foi então adicionado sucessivamente a 150 ml de diferentes solventes (EA, AC, ME e AQ) de polaridade variada e o mesmo procedimento foi repetido. O extrato seco foi armazenado a 4° C em frascos herméticos; os extractos foram pesados para obter o rendimento extrativo. A representação esquemática de diferentes extractos de solventes da folha, caule e casca de *P.santalinus* pelo método de percolação a frio sucessiva é apresentada na Fig. 5.

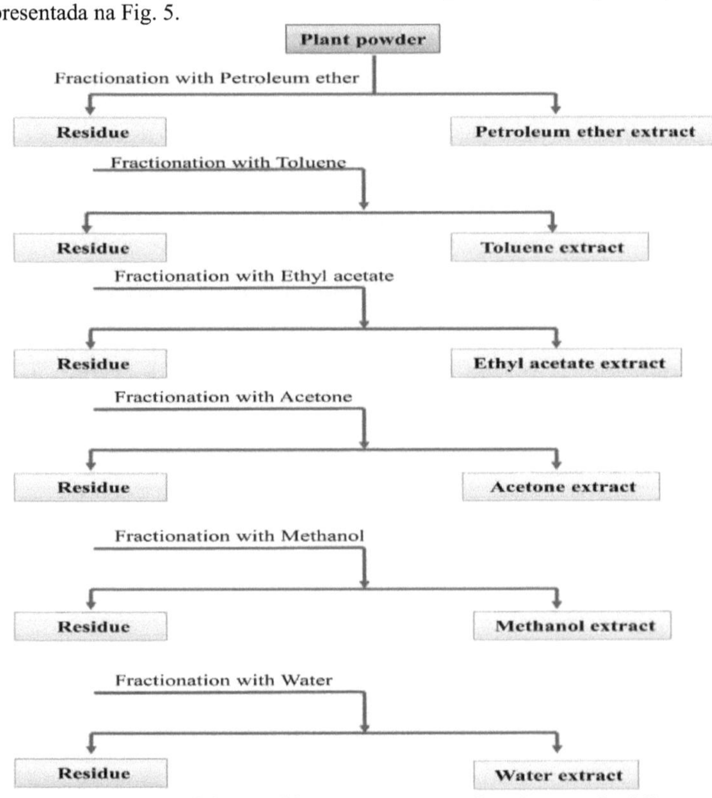

Fig. 5 Representação sistemática de diferentes extractos de solventes da folha, caule e casca de *P. santalinus* pelo método de percolação a frio sucessiva

2.3 Análise fitoquímica quantitativa

2.3.1 Determinação do teor de fenóis totais

O teor de fenol total de diferentes extractos de folha, caule e casca de *Pterocarpus santalinus* foi determinado pelo procedimento de Folin-ciocalteu (Mc Donald *et al.*, 2001) utilizando o ácido gálico como padrão. Misturaram-se 0,5 ml do extrato e 0,1 ml do reagente de Folin-ciocalteu (0,5N) e incubou-se a mistura à temperatura ambiente durante 15 minutos. Em seguida, foram adicionados 2,5 ml de solução de carbonato de sódio (2M) e incubados durante 30 minutos à temperatura ambiente e a absorvância foi medida espectrofotometricamente a 760 nm (Systronics, Índia), em comparação com uma amostra em branco. O teor total de fenóis foi expresso em termos de equivalente de ácido gálico (mg g^{-1} do composto extraído). Todas as experiências foram efectuadas em três réplicas e são apresentados os valores médios com ± SEM.

2.3.2 Determinação do teor de ácidos fenólicos

O teor de ácido fenólico de diferentes extractos de folha, caule e casca de *Pterocarpus santalinus* foi determinado pelo método do reagente de Arnov (Tomczyk *et al.*, 2010) utilizando o ácido cafeico como padrão. A mistura de reação consistiu em 1 ml de extrato, 1 ml de água, 1 ml de HCl (18g/L), 1 ml de reagente de Arnov e 1 ml de NaOH (40g/L). A reação foi iniciada com a adição de hidróxido de sódio. A mistura de reação foi incubada à temperatura ambiente durante 10 minutos. A absorvância foi medida espectrofotometricamente a 490 nm (Systronics, Índia), em relação a uma amostra em branco. O teor de ácido fenólico foi expresso em termos de equivalente de ácido cafeico (mg g^{-1} do composto extraído). Todas as experiências foram efectuadas em três réplicas e são apresentados os valores médios com ± SEM.

2.3.3 Determinação do teor de flavonóides totais

O teor de flavonoides de diferentes extractos de folha, caule e casca de *Pterocarpus santalinus*, foi determinado pelo método colorimétrico de cloreto de alumínio através da formação de um complexo flavonoide-alumínio (Djeridane *et al.*, 2006; Boutennoun *et al.*, 2017) utilizando a quercetina como padrão. A mistura de reação (3,0 ml) consistiu em 1,0 ml de extrato, 0,5 ml de metanol e 1,5 ml de cloreto de alumínio (2%). A reação foi iniciada com a adição de cloreto de alumínio e incubada à temperatura ambiente durante 30 minutos. A absorvância foi medida espectrofotometricamente a 430 nm (Systronics, Índia), em relação a uma amostra em branco. O teor de flavonóides foi expresso em termos de equivalente de quercetina (mg g^{-1} do composto extraído). Todas as experiências foram efectuadas em três réplicas e são apresentados os valores médios com ± SEM.

2.3.4 Determinação do teor de flavonóis

O teor de flavonol de diferentes extratos de folha, caule e casca de *Pterocarpus santalinus*, foi determinado pelo método colorimétrico de cloreto de alumínio pela formação de um complexo flavonoide-alumínio (Abdel-Hameed, 2009; Boutennoun *et al.*, 2017) usando quercetina como padrão. A mistura de reação (5,0 ml) consistiu em 1,0 ml de extrato, 1,0 ml de cloreto de alumínio (2%) e 3,0 ml de acetato de sódio (5% de acetato de sódio). A mistura de reação foi incubada à temperatura ambiente durante 30 minutos. A absorvância foi medida espectrofotometricamente a 440 nm (Systronics, Índia), em relação a uma amostra em branco. O teor de flavonóides foi expresso em termos de equivalente de quercetina (mg g^{-1} do composto extraído). Todas as experiências foram efectuadas em três réplicas e são apresentados os valores médios com ± SEM.

2.3.5 Determinação do teor de proantocianidinas

O teor de proantocianidina de diferentes extractos de folha, caule e casca de *Pterocarpus santalinus* foi determinado pelo método do reagente butanol-HCl (Zilic *et al.*, 2011) utilizando a leucocianidina como padrão. A mistura de reação consistiu em 0,5 ml de extrato misturado com 3,0 ml de reagente butanol-HCl (95:5 v/v) e 0,1 ml de reagente férrico (2% de sulfato de amónio férrico em 2,0 M HCl). A mistura de reação foi incubada num banho de água a ferver durante 60 minutos. A absorvância foi medida espectrofotometricamente a 550 nm (Systronics, Índia), em relação a uma amostra em branco. O teor de proantocianidina foi expresso em termos de equivalente de leucocianidina (mg g-1 de composto extraído). Todas as experiências foram efectuadas em três réplicas e são apresentados os valores médios com ± SEM.

2.4 Ensaios de antioxidantes

A atividade antioxidante da folha, caule e casca de *Pterocarpus santalinus*, de diferentes extractos de solventes, foi avaliada pela atividade de eliminação do radical livre DPPH, atividade de eliminação do radical livre catião ABTS, poder antioxidante redutor férrico e avaliação da capacidade redutora.

2.4.1 Determinação do ensaio de eliminação do radical livre 2, 2-difenil-1-picrilhidrazil (DPPH)

A atividade de eliminação de radicais livres de diferentes solventes de extractos de folhas, caule e casca de *Pterocarpus santalinus* foi medida utilizando DPPH pelo método modificado de (Mc Cune e Johns, 2002). A mistura de reação de 3,0 ml consistiu em 1,0 ml de metanol, 1,0 ml de diferentes concentrações de extractos de folha e caule e 1,0 ml de DPPH (0,3 mM), foi incubada durante 10 minutos no escuro, após o que a absorvância foi medida espectrofotometricamente a 517nm (Systronics, Índia) contra uma amostra em branco. O ácido ascórbico foi utilizado como padrão. A percentagem de inibição foi calculada comparando os resultados do ensaio e do controlo. A percentagem de inibição foi calculada utilizando a fórmula:

% de inibição = [1-(A/B)] x 100

Em que B é a absorvância do branco (DPPH e metanol) e A é a absorvância da amostra (DPPH, metanol e amostra).

2.4.2 Determinação do ensaio de eliminação do radical catião do ácido 2, 2'-Azino-bis-(3-etil) benzotiazolina-6-sulfónico (ABTS)

A atividade de eliminação do catião radical ABTS de diferentes solventes de extractos de folhas, caule e casca de *Pterocarpus santalinus* foi determinada pelo método descrito por (Re *et al.*, 1999). Os catiões do radical ABTS foram produzidos por reação de ABTS (7 mM) com persulfato de potássio (245 mM) e incubação da mistura à temperatura ambiente no escuro durante 16 h. A solução de trabalho obtida foi diluída com metanol para obter uma absorvância de 0,85 ± 0,20. Adicionou-se 1,0 ml de diferentes concentrações de extractos de folhas e caules diluídos em metanol a 3,0 ml da solução de trabalho de ABTS. A mistura de reação foi incubada à temperatura ambiente durante 4 minutos e, em seguida, a absorvância foi medida espectrofotometricamente a 734 nm (Systronics, Índia) em relação a uma amostra em branco. O ácido ascórbico foi utilizado como padrão. A percentagem de inibição foi calculada utilizando a fórmula descrita acima.

2.4.3 Ensaio de poder antioxidante redutor férrico (FRAP)

A capacidade redutora dos diferentes extractos de solventes foi determinada pelo ensaio FRAP (Benzie e Strain, 1996). O ensaio FRAP baseia-se na capacidade do antioxidante para reduzir o Fe^{3+} a Fe^{2+} na presença de TPTZ, formando um complexo azul intenso Fe^{2+} -TPTZ com um máximo de absorção a 593 nm. Esta retificação é dependente do pH (pH ótimo 3,6, 1 parte de TPTZ 10 mM (2, 4, 6- tripiridil-s-triazina) em HCl 40 mM e 1 parte de $FeCl_3$ 20 mM) e a mistura de retificação é incubada a 37^0 C durante 10 min. Em seguida, a absorvância foi medida espectrofotometricamente a 593 nm (Systronics, Índia) em relação a uma amostra em branco, utilizando-se FeSO4 como padrão. A capacidade antioxidante baseada na capacidade de reduzir iões férricos da amostra foi calculada a partir da curva de calibração linear e expressa em equivalentes M/g de FeSO4 por grama de composto extraído.

2.4.4 Determinação da avaliação da capacidade de redução (RCA)

A avaliação da capacidade redutora de diferentes extractos de solventes de *Pterocarpus santalinus* foi determinada utilizando o método descrito por (Athukorala *et al.,* 2006). 1,0 ml de diferentes concentrações de extractos de solventes de *P.santalinus* diluídos em água foram misturados com 2,5 ml de tampão fosfato (200 mM, pH 6,6) e 2,5 ml de ferricianeto de potássio $K_3Fe(CN)_6$ (30 mM). A mistura foi então incubada a 50 °C durante 20 minutos. Em seguida, adicionaram-se 2,5 ml de ácido tricloroacético (TCA) (600 mM) à mistura de reação e centrifugou-se durante 10 minutos a 3.000 rpm. A camada superior da solução (2,5 ml) foi misturada com 2,5 ml de água destilada e 0,5 ml de FeCl3 (6 mM) e a absorvância foi medida a 700 nm utilizando um espetrofotómetro UV-Vis (Shimadzu, Japão) contra uma amostra em branco. O ácido ascórbico foi utilizado como controlo positivo.

Capítulo 3

3. Resultados e discussão

No presente trabalho, as três partes viz. folha, caule e casca de *P. santalinus* foram avaliadas quanto à sua farmacognóstica, físico-química, análise fitoquímica qualitativa e quantitativa, análise de fluorescência e actividades antioxidantes *in vitro*. Para estudos farmacognósticos, foram avaliadas a avaliação organoléptica, as características macroscópicas e microscópicas da folha e do caule. Foram também efectuados estudos do seu pó. Na análise fitoquímica qualitativa, foram testados alcalóides, flavonóides, taninos, flobataninas, saponinas, esteróides, glicosídeos cardíacos, triterpenos, antocianinas em todas as três partes, ou seja, folha, caule e casca (Donga *et al.*, 2017a).

Na análise fitoquímica quantitativa, o conteúdo total de fenol, o conteúdo de ácido fenólico, o conteúdo total de flavonóides, o conteúdo de flavonol e o conteúdo de proantocianidina foram estimados nas três partes, ou seja, folha, caule e casca. A extração foi feita em seis solventes (PE, TO, EA, AC, ME, AQ) de polaridade variada por dois métodos, nomeadamente o método de percolação individual a frio e o método de percolação sucessiva a frio. Nos estudos antioxidantes, o ensaio de eliminação do radical livre DPPH, o ensaio de eliminação do catião radical ABTS, o ensaio do poder antioxidante redutor férrico e a avaliação da capacidade redutora foram avaliados em todos os extractos de solventes extraídos por ambos os métodos das três partes (folha, caule e casca).

3.1 Rendimento de extração

O método de extração afecta diretamente a eficiência da extração de polifenóis, flavonóides e outros fitoconstituintes de diferentes partes da planta. O rendimento da extração refere-se à percentagem de extrato bruto obtido de uma amostra de planta seca através de um procedimento de extração com solvente para análise posterior. No presente trabalho, a extração foi efectuada pelo método de percolação individual a frio e pelo método de percolação sucessiva a frio, utilizando vários solventes com polaridades diferentes. No método de percolação a frio individual, o extrato bruto da planta é primeiro desengordurado com éter de petróleo, um solvente não polar, e depois é extraído individualmente com diferentes solventes. No método de percolação a frio sucessiva, o extrato bruto da planta é primeiro desengordurado com um solvente não polar, éter de petróleo, sendo depois extraído sucessivamente com solventes de polaridade crescente e, por fim, com água (aquoso).

O rendimento extrativo da folha, caule e casca de *P. santalinus* em diferentes extractos com solventes (PE, TO, EA, AC, ME, AQ) é apresentado na Fig. 6. No método individual de percolação a frio, o rendimento extrativo, na folha, variou de 0,89% a 8,63%; no caule, variou de 0,42% a 7,02% e na casca, variou de 0,28% a 15,86% (Fig. 6A-C). O rendimento extrativo máximo foi no extrato ME da casca. No método de percolação a frio sucessiva, o rendimento extrativo na folha variou de 0,43% a 4,77%; no caule, variou de 0,44% a 2,51% e na casca, variou de 0,32% a 2,80% (Fig. 6D-F). O rendimento extrativo máximo foi no extrato de AQ da folha.

Quando os dois métodos de extração foram comparados, o rendimento extrativo máximo foi encontrado no método de percolação a frio individual; e quando todas as três partes (folha, caule e casca) e seis extractos de solvente (PE, TO, EA, AC, ME, AQ) foram comparados, o rendimento extrativo máximo foi no extrato ME da casca (Donga *et al.*, 2017b).

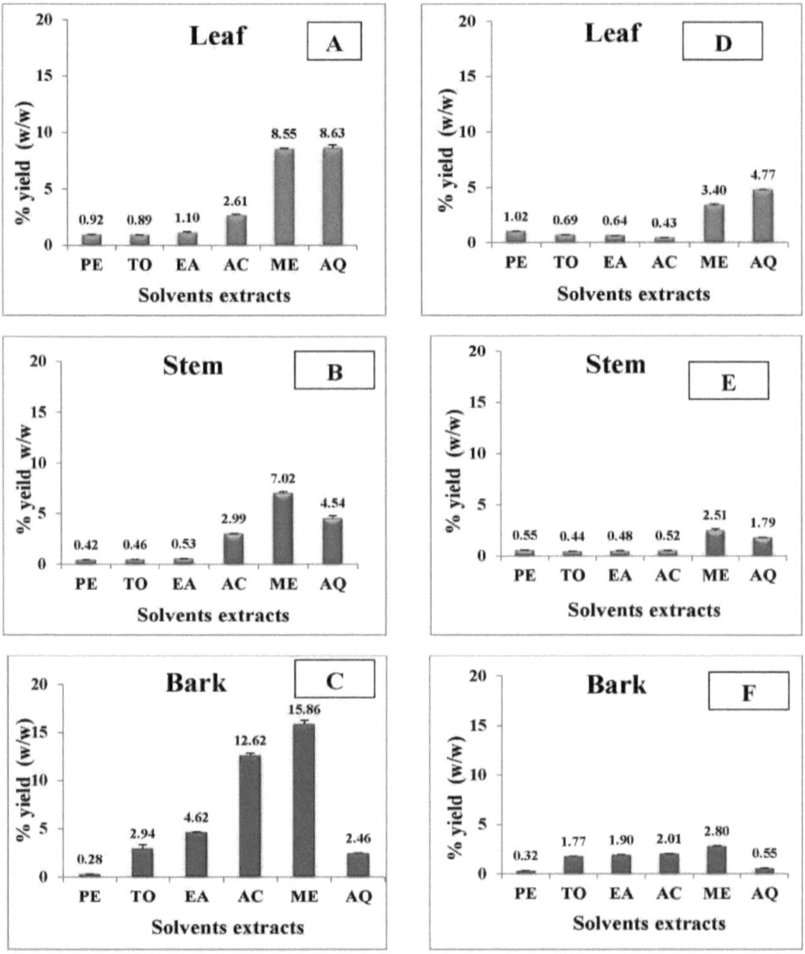

Fig.6 O rendimento extrativo de diferentes extractos de solvente de *P. santalinus*; A, B e C(Método de percolação individual a frio) e D, E e F (Método de percolação sucessiva a frio) Método)

3.2 Análise fitoquímica quantitativa

3.2.1 Teor de fenóis totais

O teor de fenol total da folha, caule e casca de *P. santalinus* em diferentes extractos de solvente (PE, TO, EA, AC, ME, AQ) é apresentado na Fig. 7. No método individual de percolação a frio, na folha, o teor de fenol total variou entre 14,40 mg/g e 93,35 mg/g; no caule, variou entre 26,73 mg/g e 115,98 mg/g e na casca variou entre 19,52 mg/g e 95,91 mg/g (Fig. 7A-C). O teor máximo de fenóis totais foi encontrado no extrato de CA do caule.

No método de percolação a frio sucessiva na folha, o conteúdo de fenol total variou de 15,92 mg/g a 89,55 mg/g; no caule, variou de 2,86 mg/g a 78,44 mg/g e na casca, variou de 12,96 mg/g a 58,78 mg/g (Fig. 7D-F). O teor máximo de fenóis totais foi encontrado no extrato AC da folha.

Quando se comparou o teor de fenóis totais estimado por ambos os métodos, o teor máximo de fenóis totais foi obtido pelo método individual de percolação a frio; e quando se compararam as três partes (folha, caule e casca) e os seis extractos com solvente (PE, TO, EA, AC, ME, AQ), o teor máximo de

fenóis totais foi obtido pelo extrato AC do caule .
Independentemente do método utilizado, o teor de fenóis totais foi mais elevado nos extractos com solventes polares do que nos extractos com solventes não polares ou semi polares. Por outras palavras, a extração do teor de fenol total foi mais afetada pelo tipo de solvente do que pelo método de extração. Resultados semelhantes foram registados por Lin *et al.*, (2009) e Ammar *et al.*, (2015).

3.2.2 Teor de ácidos fenólicos

O conteúdo de ácido fenólico da folha, caule e casca de *P. santalinus* em diferentes extractos de solvente (PE, TO, EA, AC, ME, AQ) é apresentado na Fig. 8. No método de percolação a frio individual, na folha, o teor de ácido fenólico variou entre 0,02 mg/g e 1,20 mg/g; no caule variou entre 0,05 mg/g e 1,71 mg/g e na casca variou entre 0,02 mg/g e 0,78 mg/g (Fig. 8A-C). O teor máximo de ácidos fenólicos foi no extrato de CA do caule.
No método de percolação a frio sucessiva na folha, o teor de ácido fenólico variou de 0 mg/g a 0,51 mg/g; no caule, variou de 0,03 mg/g a 1,02 mg/g e na casca, variou de 0 mg/g a 0,34 mg/g (Fig. 8D-F). O teor máximo de ácidos fenólicos foi encontrado no extrato de CA do caule.
Quando o conteúdo de ácido fenólico avaliado por ambos os métodos foi comparado, o conteúdo máximo de ácido fenólico foi encontrado no método individual de percolação a frio; e quando todas as três partes (folha, caule e casca) e seis extractos de solvente (PE, TO, EA, AC, ME, AQ) foram comparados, o conteúdo máximo de ácido fenólico foi encontrado no extrato AC do caule.

3.2.3 Teor total de flavonóides

O teor de flavonóides totais da folha, caule e casca de *P. santalinus* em diferentes extractos de solventes (PE, TO, EA, AC, ME, AQ) é apresentado na Fig. 9. No método individual de percolação a frio, na folha, o teor de flavonóides totais variou entre 1,13 mg/g e 34,30 mg/g; no caule, variou entre 1,15 mg/g e 54,85 mg/g e na casca, variou entre 1,43 mg/g e 16,38 mg/g (Fig. 9A-C). O teor máximo de flavonóides totais foi encontrado no extrato EA do caule.
No método de percolação a frio sucessiva, o teor máximo de flavonóides totais na folha variou de 0 mg/g a 88 mg/g; no caule, variou de 2,35 mg/g a 155,16 mg/g e na casca variou de 0 mg/g a 194,33 mg/g (Fig. 9D- F). O teor máximo de flavonóides totais foi encontrado no extrato AC da casca.
Quando o conteúdo total de flavonóides avaliado por ambos os métodos foi comparado, o conteúdo total máximo de flavonóides foi encontrado no método sucessivo de percolação a frio; e quando todas as três partes (folha, caule e casca) e seis extractos de solvente (PE, TO, EA, AC, ME, AQ) foram comparados, o conteúdo total máximo de flavonóides foi encontrado no extrato AC da casca.

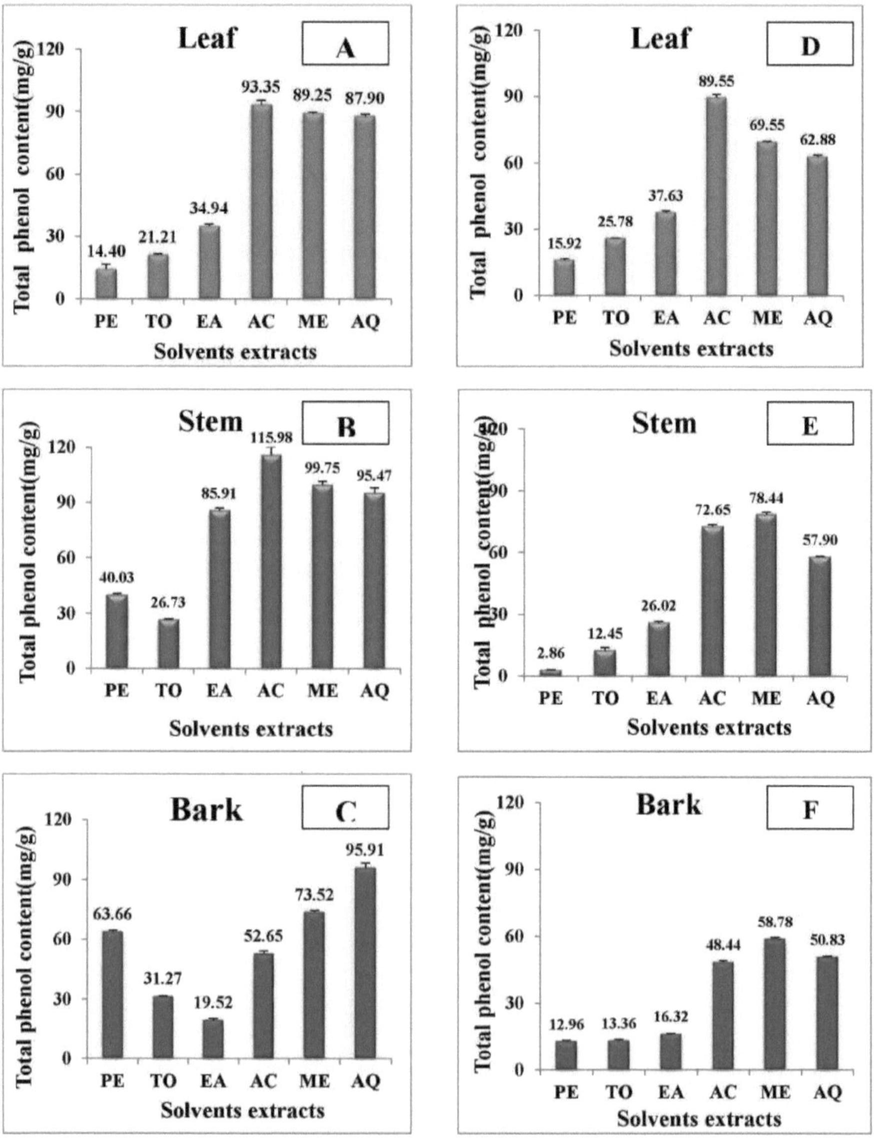

Fig.7Teor total de fenóis de diferentes extractos de solventes de *P. santalinus*; A, B e C (método de percolação individual a frio) e D, E e F (método de percolação sucessiva a frio) Método)

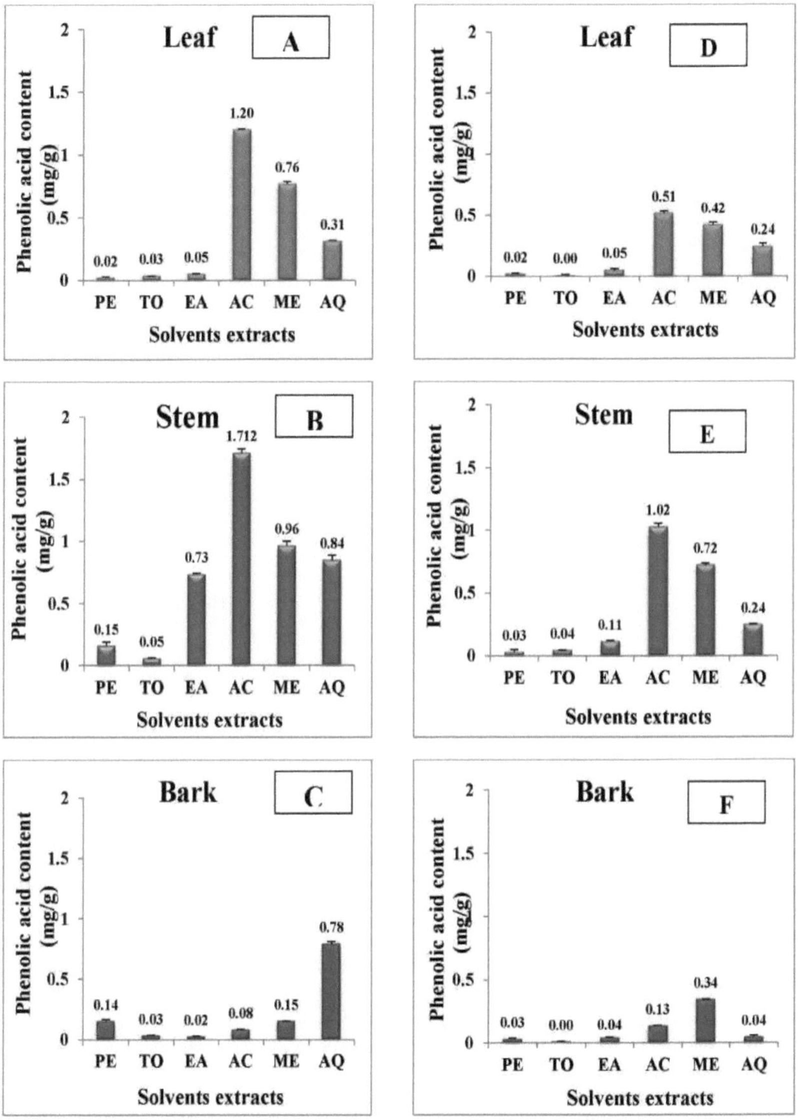

Fig. 8 Teor de ácido fenólico de diferentes extractos de solvente de *P. santalinus*; A, B e C (Método de percolação individual a frio) e D, E e F (Método de percolação sucessiva a frio)

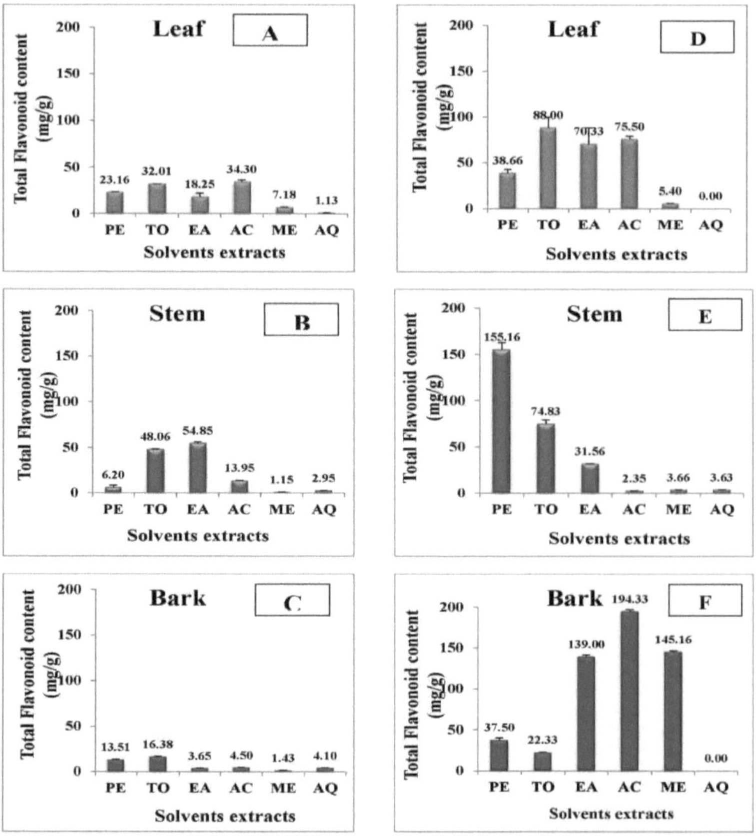

Fig.9 Teor total de flavonóides de diferentes extractos de solventes de *P. santalinus*; A, B e C (método de percolação individual a frio) e D, E e F (método de percolação sucessiva a frio) Método)

3.2.4 Teor de flavonóis

O conteúdo de flavonol da folha, caule e casca de *P.santalinus* em diferentes extractos de solvente (PE, TO, EA, AC, ME, AQ) é apresentado na Fig.10. No método de percolação a frio individual, na folha, o conteúdo de flavonol variou de 1,54 mg/g a 89,67 mg/g; no caule, variou de 6,31 mg/g a 113,66 mg/g e na casca, variou de 14,73 mg/g a 247,24 mg/g (Fig. 10A- C). O teor máximo de flavonóis foi encontrado no extrato TO da casca.

No método de percolação a frio sucessiva, na folha, o teor máximo de flavonol variou de 1,45 mg/g a 388,59 mg/g; no caule variou de 1,36 mg/g a 201,79 mg/g e na casca variou de 5,45 mg/g a 402,23 mg/g (Fig. 10D- F). O teor máximo de flavonóis foi encontrado no extrato ME da casca.

Quando o teor de flavonol avaliado por ambos os métodos foi comparado, o teor máximo de flavonol foi encontrado no método sucessivo de percolação a frio; e quando todas as três partes (folha, caule e casca) e seis extractos de solvente (PE, TO, EA, AC, ME, AQ) foram comparados, o teor máximo de flavonol foi encontrado no extrato ME da casca.

3.2.5 Teor de proantocianidinas

O teor de proantocianidina da folha, caule e casca de *P.santalinus* em diferentes extractos de solvente (PE, TO, EA, AC, ME, AQ) é apresentado na Fig. 11. No método de percolação a frio individual na folha, o teor de proantocianidina variou de 1,12 mg/g a 21,80 mg/g; no caule, variou de 1,48 mg/g a

27,73 mg/g e na casca, variou de 0,86 mg/g a 14,24 mg/g. (Fig. 11A - C). O conteúdo máximo de proantocianidina foi no extrato EA do caule. Na raiz de *P. trimera, o teor de proantocianidina* também foi máximo no extrato EA, seguido pelos extractos ME, acetonitrilo, AQ e HE (Nguyen *et al.*, 2015). No método de percolação a frio sucessiva, na folha, o teor máximo de proantocianidina variou de 0,23 mg/g a 32,68 mg/g; no caule, variou de 0,13 mg/g a 20,66 mg/g e na casca, variou de 0,44 mg/g a 8,89 mg/g (Fig. 11D- F). O teor máximo de proantocianidina foi encontrado no extrato ME da folha.

Quando o teor de proantocianidina avaliado por ambos os métodos foi comparado, o teor máximo de proantocianidina foi encontrado no método de percolação a frio sucessivo; e quando todas as três partes (folha, caule e casca) e seis extractos de solvente (PE, TO,EA,AC,ME,AQ) foram comparados, o teor máximo de proantocianidina foi encontrado no extrato ME da folha.

O teor de proantocianidina foi diferente em diferentes extractos com solventes, em diferentes partes extraídas por diferentes métodos. Em todas as três partes, por ambos os métodos, o teor de proantocianidina foi maior nos extractos de solventes polares (ME e AC) do que nos extractos de solventes não polares (PE) ou semi polares (TO e EA). De acordo com estes resultados, Vuong *et al.*, (2013) encontraram um teor máximo de proantocianidinas no extrato etanólico da folha de *C. papaya*, seguido dos extractos de acetona, metanol e aquoso. Pode concluir-se que o tipo de solvente e o método de extração afectam o teor de proantocianidinas em diferentes plantas e que este varia de planta para planta e em diferentes partes.

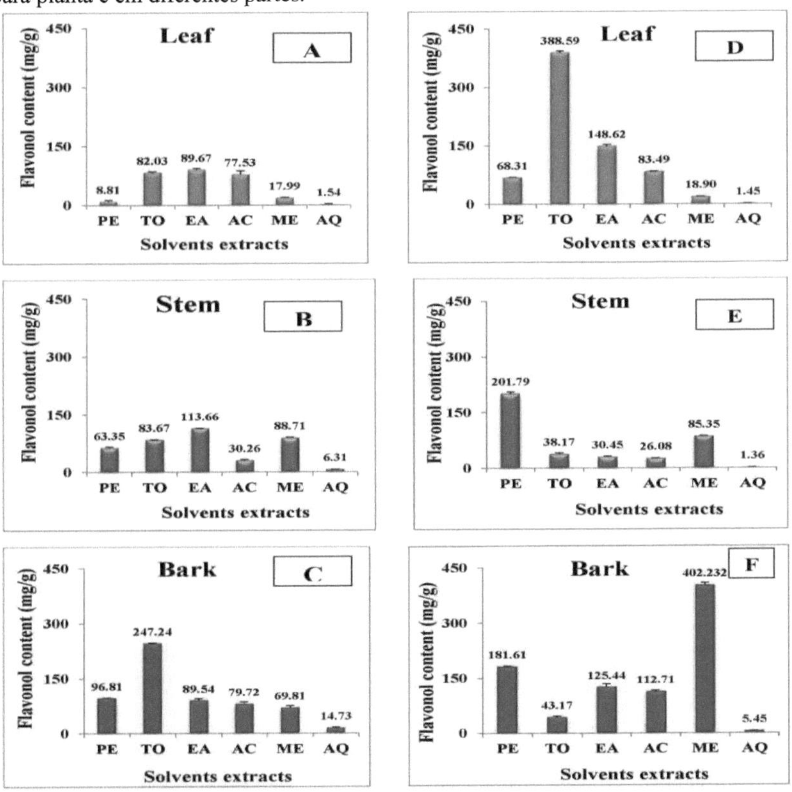

Fig.10 Teor de flavonol de diferentes extractos de solvente de *P. santalinus*; A, B e C (método de percolação individual a frio) e D, E e F (método de percolação sucessiva a frio) Método)

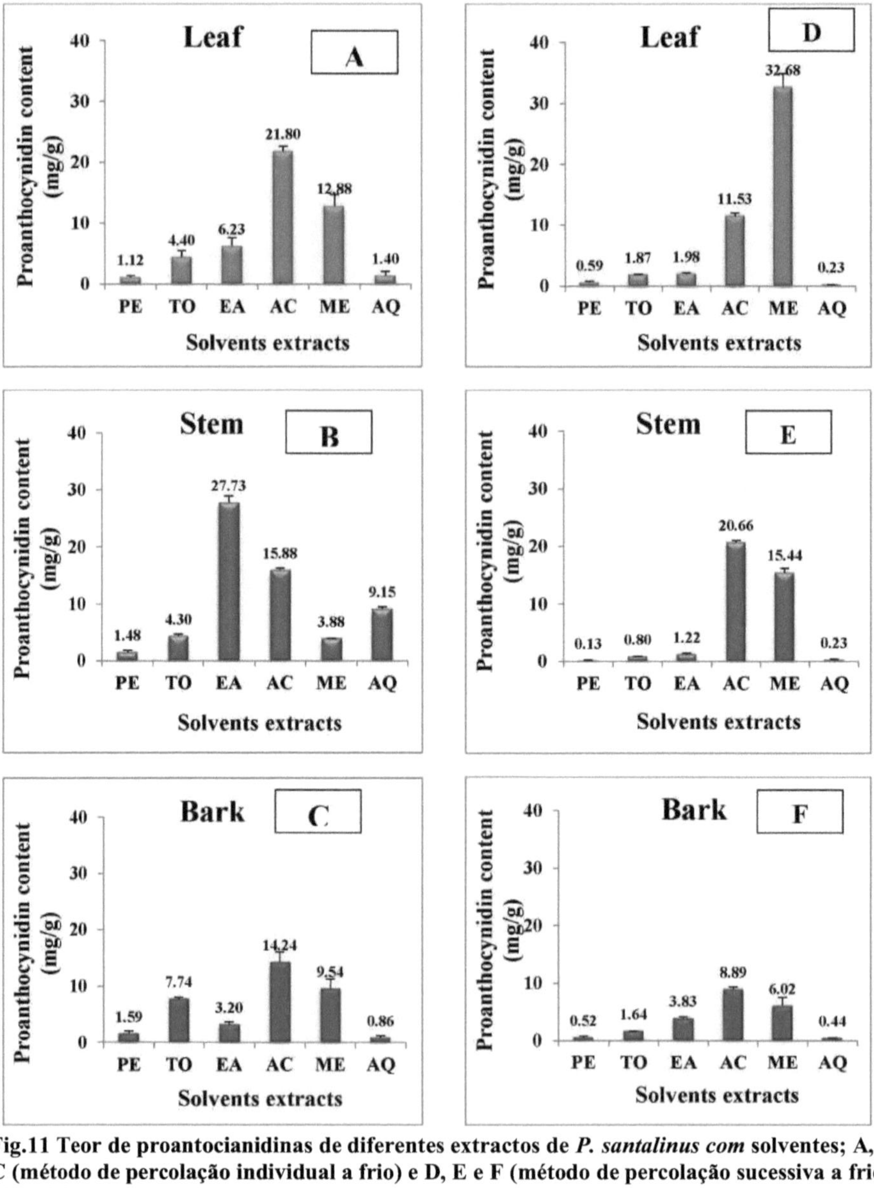

Fig.11 Teor de proantocianidinas de diferentes extractos de *P. santalinus com* solventes; A, B e C (método de percolação individual a frio) e D, E e F (método de percolação sucessiva a frio) Método)

3.3 Actividades antioxidantes

As plantas medicinais são muito ricas em metabolitos secundários, especialmente compostos fenólicos e flavonóides. Também é bem conhecido que as plantas ricas em metabolitos secundários, especialmente fenólicos, apresentam uma boa atividade antioxidante e, por conseguinte, são conhecidas por muitas actividades biológicas (Benedec *et al.,* 2013). Diferentes partes das plantas, como a folha, o caule e a casca, possuem diferentes níveis de metabolitos secundários e, por conseguinte, a sua eficácia contra as doenças ou as suas actividades biológicas também variam. Os medicamentos à base de antioxidantes são utilizados para a prevenção e o tratamento de inúmeras doenças. Existem muitos mecanismos pelos quais os antioxidantes actuam e nenhum método único estima eficazmente a capacidade antioxidante de uma planta. Por conseguinte, é sempre necessário e imperativo estimar a capacidade antioxidante de uma planta através de mais do que um método (Chanda e Nagani, 2010). Assim, no presente trabalho, foram realizados quatro ensaios antioxidantes *in vitro* diferentes, nomeadamente a atividade de eliminação do radical livre DPPH, a atividade de eliminação do radical catião ABTS, a atividade FRAP e a avaliação da capacidade redutora, para avaliar a capacidade antioxidante da folha, do caule e da casca de *P. santalinus* em diferentes solventes de polaridade variada e através de dois métodos de extração diferentes.

3.3.1 Atividade de eliminação do radical livre DPPH

Método de percolação individual a frio

O ensaio DPPH é geralmente utilizado para determinar a atividade de eliminação de radicais livres de vários extractos de plantas (Ferreira *et al.*, 2007). Os resultados são geralmente expressos como valores IC50, ou seja, a quantidade de composto antioxidante necessária para diminuir a concentração inicial de DPPH em 50%. O DPPH mede a capacidade de um composto para eliminar o radical DPPH, reduzindo-o a hidrazina. Quando o composto que actua como dador de átomos de hidrogénio é adicionado a uma solução de DPPH, obtém-se hidrazina, com uma mudança de cor de violeta para amarelo pálido. O DPPH forma uma solução de cor púrpura e apresenta uma banda de absorção caraterística a 517 nm na região do visível.

A atividade de eliminação do radical livre DPPH da folha e da casca de *P. santalinus* de diferentes extractos de solventes extraídos pelo método individual de percolação a frio é apresentada na Fig. 12. Os diferentes extractos de solventes da folha e da casca apresentaram diferentes níveis de atividade. Na folha, apenas os extractos AC e ME apresentaram atividade de eliminação do radical livre DPPH, enquanto os outros 4 extractos de solvente (PE, TO, EA e AQ) apresentaram uma atividade muito fraca (valor IC50 >1000 |ig/ml).

A atividade de eliminação do radical livre DPPH dos extractos AC e ME da folha é apresentada na Fig.12 A-B. No extrato AC, a concentração variou de 60-360 |ig/ml e o valor IC50 foi de 150^g/ml (Fig. 13A). No extrato ME, a concentração variou entre 20-120^g/ml e o seu valor IC50 foi de 52 Lig/ml (Fig. 12B). Os diferentes extractos de solvente da casca apresentaram diferentes níveis de atividade. Na casca, os extractos EA, AC e ME apresentaram uma atividade de eliminação do radical livre DPPH, enquanto os outros 3 extractos de solvente (PE, TO e AQ) apresentaram uma atividade muito fraca (valor IC50 >1000 Lg/ml).

A atividade de eliminação do radical livre DPPH dos extractos EA, AC e ME da casca é apresentada na Fig.18 C- E. No extrato EA, a concentração variou entre 160-960 |ig/ml e o seu valor IC50 foi de 360^g/ml n (Fig. 12C). No extrato AC, a concentração variou de 5-30 |ig/ml e o seu valor IC50 foi de 14,5Lg/ml (Fig. 12D). No extrato ME, a concentração variou entre 5-30 Lg/ml e o seu valor IC50 foi de 13,7 Lg/ml (Fig. 12E)

A atividade de eliminação do radical livre DPPH do caule de *P.santalinus* de diferentes extractos de solventes extraídos pelo método individual de percolação a frio é apresentada na Fig. 13. Os diferentes extractos de solvente do caule apresentaram diferentes níveis de atividade. No caule, todos os extractos de solvente mostraram atividade de eliminação do radical livre DPPH, exceto o extrato PE. No extrato TO, a concentração variou entre 80480 Lg/ml e o valor IC50 foi de 448Lg/ml (Fig. 13A). No extrato EA, a concentração variou entre 20-120^g/ml e o seu valor IC50 foi de 43^g/ml (Fig. 13B). No extrato AC, a concentração variou entre 15-90^g/ml e o seu valor IC50 foi de 32,25^g/ml (Fig. 13C). No extrato ME, a concentração variou entre 15-90^g/ml e o seu valor IC50 foi de 31,5^g/ml (Fig. 13D). No extrato AQ, a concentração variou entre 40-280^g/ml e o seu valor IC50 foi de 180^g/ml (Fig. 13E). O valor IC50 mais baixo foi registado em ambos os extractos de solventes polares ME e AC.

Quando a atividade de eliminação do radical livre DPPH de todas as três partes foi comparada, o valor IC50 mais baixo foi no extrato ME em todas as três partes. Quando as três partes foram comparadas, o valor IC50 mais baixo foi no extrato ME da casca. O extrato ME das três partes mostrou uma boa atividade antioxidante, mas a melhor atividade antioxidante foi mostrada pelo extrato ME da casca, como evidenciado pelo seu valor IC50. A atividade antioxidante do extrato AC da casca também foi bastante boa. O seu valor IC50 foi de 14,5 Lg/ml. Tanto a atividade antioxidante do extrato AC como do extrato ME da casca foi tão boa como a do ácido ascórbico padrão. O valor IC50 do padrão foi de 11,4 Lg/ml.

Método de percolação a frio sucessiva

A atividade de eliminação do radical livre DPPH da folha de *P. santalinus* de diferentes extractos de solvente (PE, TO, EA, AC, ME e AQ) extraídos pelo método sucessivo de percolação a frio é apresentada na Fig. 14. Os diferentes extractos de solventes da folha apresentaram diferentes níveis de atividade. Na folha, todos os extractos de solvente apresentaram atividade de eliminação do radical livre DPPH, exceto o extrato AQ. No extrato PE, a concentração variou de 20-120 |ig/ml e o valor IC50 foi de 80^g/ml (Fig. 14A). No extrato TO, a concentração variou entre 160-960 |ig/ml e o valor IC50 foi de 584^g/ml (Fig. 14B). No extrato EA, a concentração variou entre 160-960 |ig/ml e o valor IC50 foi de 400^g/ml (Fig. 14C). No extrato AC, a concentração variou de 20-120 |ig/ml e o valor IC50 foi de 85^g/ml (Fig. 14D). No extrato ME, a concentração variou de 20-120 |ig/ml e o valor IC50 foi de 45^g/ml (Fig. 14E).

A atividade de eliminação do radical livre DPPH do caule de *P. santalinus* de diferentes extractos de solventes (PE, TO, EA, AC, ME e AQ) extraídos pelo método sucessivo de percolação a frio é apresentada na Fig. 15. Os diferentes extractos de solvente do caule apresentaram diferentes níveis de atividade. No caule, apenas os extractos EA, AC e ME apresentaram atividade de eliminação do radical livre DPPH, enquanto os outros 3 extractos de solvente (PE, TO e AQ) apresentaram uma atividade muito fraca (valor IC50 >1000 iig/ml). No extrato EA, a concentração variou de 120-720 Lg/ml e o seu valor IC50 foi de 288^g/ml (Fig. 15A). No extrato AC, a concentração variou entre 15-90 Lg/ml e o seu valor IC50 foi de 32,25Lg/ml (Fig. 15B). No extrato ME, a concentração variou entre 10-60 Lg/ml e o seu valor IC50 foi de 33 Lg/ml (Fig. 15C).

Uma tendência completamente diferente foi encontrada com extractos extraídos pelo método de percolação sucessiva a frio. Nenhum dos extractos de solvente da casca mostrou atividade antioxidante. O seu valor IC50 foi >1000. Na folha, o valor IC50 mais baixo foi no extrato ME (45 Lg/ml), enquanto que no caule, o valor IC50 mais baixo foi nos extractos AC e ME (32,25 Lg/ml e 33 Lg/ml respetivamente).

Quando os dois métodos de extração foram comparados, o método de percolação a frio individual pareceu ser melhor do que o método de percolação a frio sucessiva. Quando as três partes foram comparadas, o extrato ME da casca mostrou a melhor atividade de eliminação do radical livre DPPH. Os resultados demonstraram claramente a influência e o efeito do solvente na atividade de eliminação do radical livre DPPH de diferentes partes de *P. santalinus*. A diferença de nível de atividade encontrada na folha, no caule e na casca deve-se ao facto de cada parte possuir diferentes metabolitos secundários em diferentes quantidades com diferentes estruturas e polaridades e, por conseguinte, dissolver-se de forma diferente em solventes específicos com polaridade semelhante (Upadhyay *et al.*, 2013). Uma atividade DPPH insignificante no extrato PE e uma atividade menor nos extractos semi polares em ambos os métodos e em todas as três partes, indicam a ausência de eliminadores de radicais lipofílicos nesta planta. Os valores IC50 também variaram muito, o que indica que diferentes extractos de solvente têm diferentes tipos e concentrações de fitoconstituintes e alguns reagem lentamente com DPPH e também requerem uma concentração mais elevada para eliminar o radical DPPH, enquanto outros reagem rapidamente (Tsimogiannis e Oreopoulou, 2004). A atividade do DPPH é diferente em extractos de solventes polares e não polares; geralmente, a atividade é maior em extractos de solventes polares AC , ME, AQ, etc. (Alimi *et al.*, 2010; Padalia e Chanda, 2014: Ammar *et al.*, 2015).

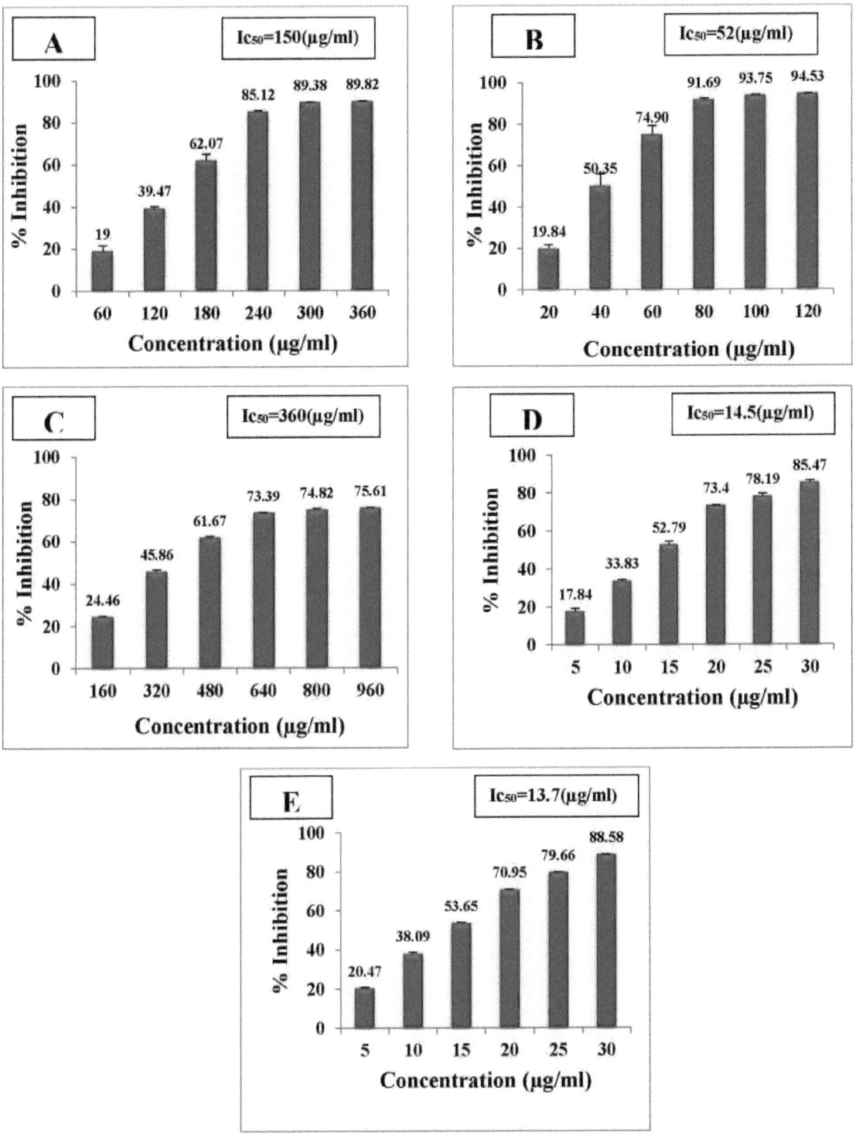

Fig.12. Atividade de eliminação do radical livre DPPH de *P. santalinus*; (Percolação individual a frio
Método) (A-folha-AC), (B-folha-ME), (C-casca-EA), (D-casca-AC), (E-casca-ME)

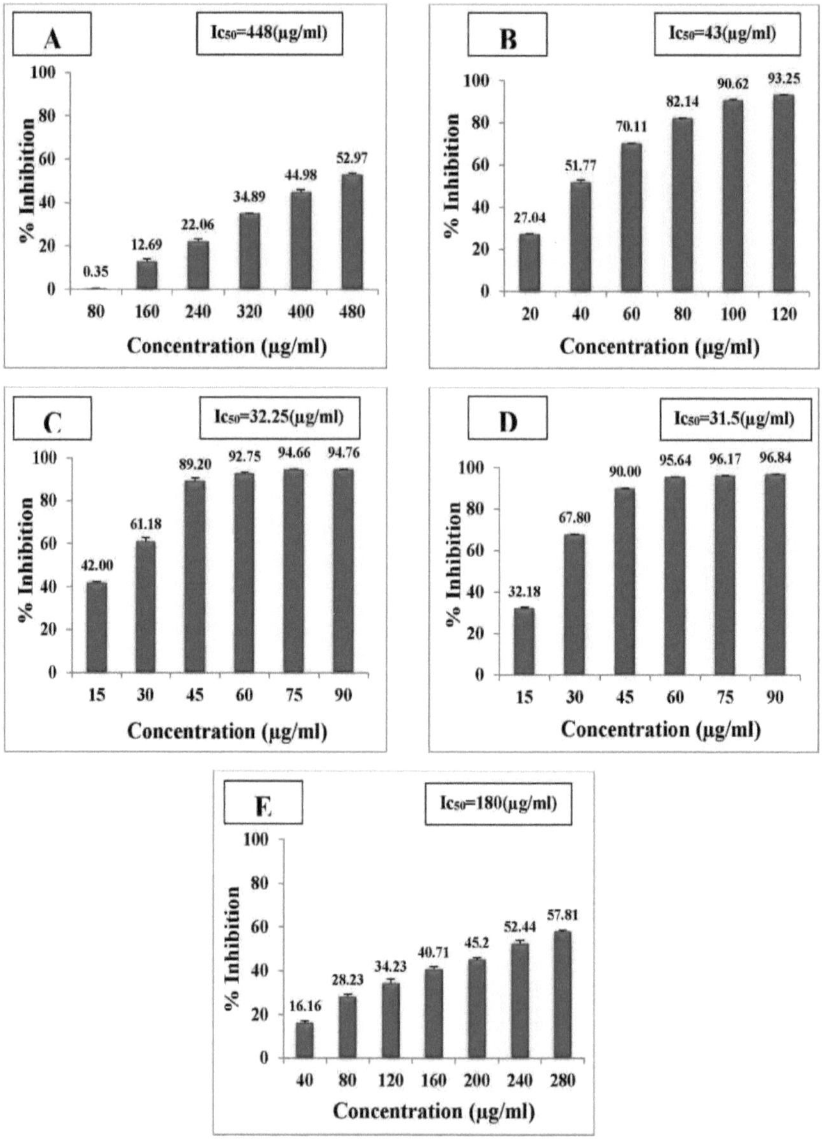

Fig.13. Atividade de eliminação do radical livre DPPH de *P. santalinus*; (Percolação individual a frio Método) (A-Stem-TO), (B- Stem -EA), (C- Stem -AC), (D- Stem -ME), (E- Stem -AQ)

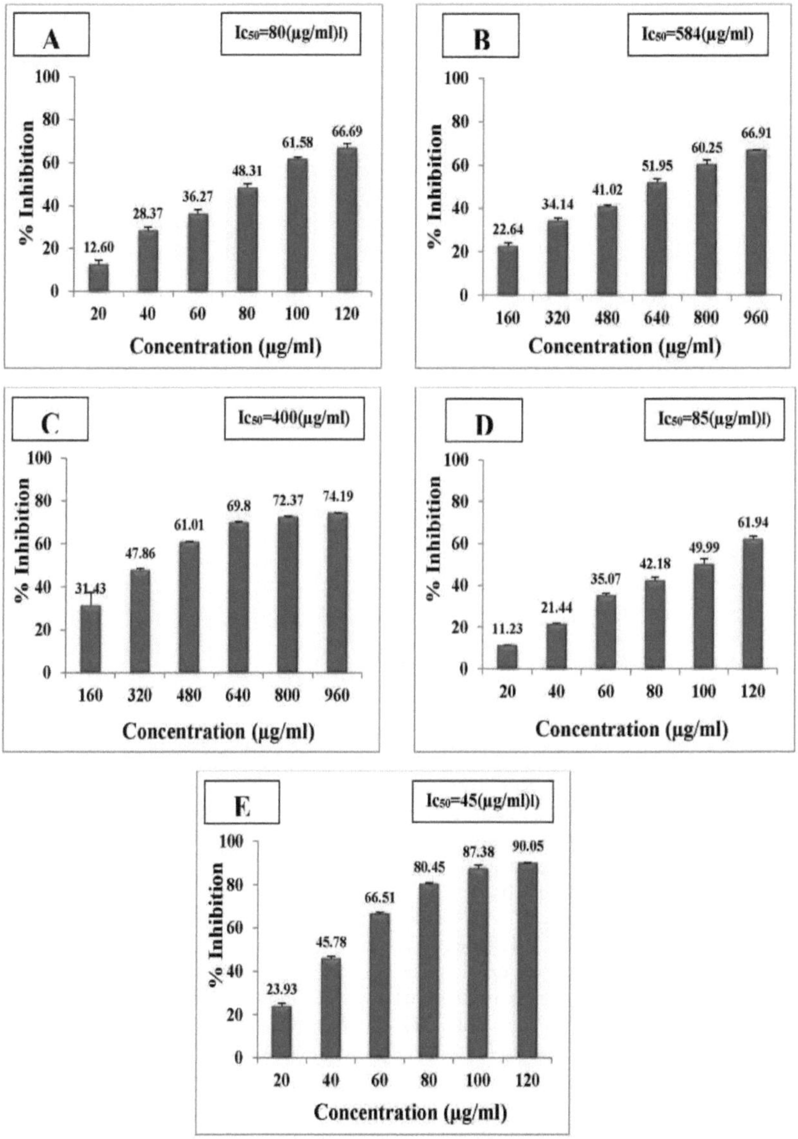

Fig.14. Atividade de eliminação de radicais livres DPPH de *P. santalinus*; (Percolação sucessiva a frio Método) (A-Folha-PE), (B-Folha -TO), (C-Folha -EA), (D-Folha -AC), (E-Folha -ME)

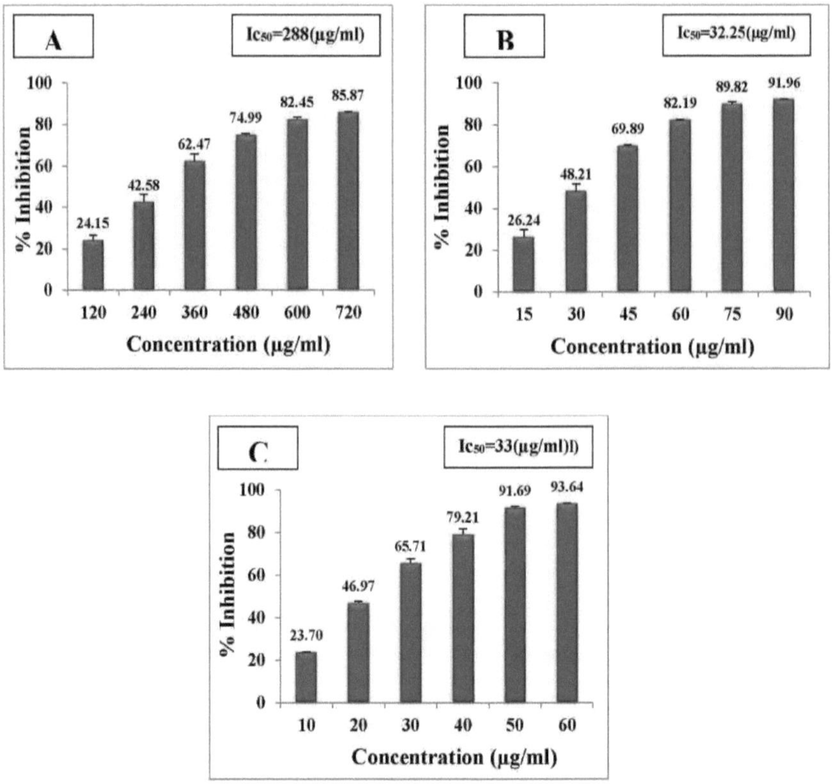

Fig.15. Atividade de eliminação do radical livre DPPH de *P. santalinus*; (Método de percolação sucessiva a frio) (A- Caule-EA), (B- Caule -AC), (C- Caule -ME)

3.3.2 Atividade de eliminação do radical catião ABTS

Método de percolação individual a frio

A atividade de eliminação do radical livre ABTS da folha de *P. santalinus* de diferentes extractos de solventes (PE, TO, EA, AC, ME e AQ) extraídos pelo método individual de percolação a frio é apresentada na Fig. 16. Os diferentes extractos de solventes da folha apresentaram diferentes níveis de atividade. Na folha, todos os extractos de solvente apresentaram atividade de eliminação do radical livre ABTS, exceto o extrato PE. No extrato TO, a concentração variou de 100-600 |ig/ml e o seu valor IC50 foi de 330^g/ml (Fig. 16A). No extrato EA, a concentração variou entre 60-360 |ig/ml e o seu valor IC50 foi de 210^g/ml (Fig. 16B). No extrato AC, a concentração variou entre 150-900 |ig/ml e o seu valor IC50 foi de 4l2Lig/ml (Fig. 16C). No extrato ME, a concentração variou entre 50-300 |ig/ml e o seu valor IC50 foi de I37ug/ml (Fig. 16D). No extrato AQ, a concentração variou entre 100-600 |ig/ml e o seu valor IC50 foi de 260^g/ml (Fig. 16E).

A atividade de eliminação do catião radical ABTS do caule de *P. santalinus* de diferentes extractos de solventes (PE, TO, EA, AC, ME e AQ) extraídos pelo método individual de percolação a frio é apresentada na Fig. 17. Os diferentes extractos de solvente do caule, tal como a folha, apresentaram diferentes níveis de atividade. No caule, todos os extractos de solvente apresentaram atividade de eliminação do radical livre ABTS, exceto o extrato PE. No extrato TO, a concentração variou de 40-240 |ig/ml e o seu valor IC50 foi de 140^g/ml (Fig. 17A). No extrato EA, a concentração variou entre 40-240 |ig/ml e o seu valor IC50 foi de 120^g/ml (Fig. 17B). No extrato AC, a concentração variou de 20-120 |ig/ml e o seu valor IC50 foi de 79^g/ml (Fig. 17C). No extrato ME, a concentração variou entre

20-120 |ig/ml e o seu valor IC50 foi de 70^g/ml (Fig. 17D). No extrato AQ, a concentração variou entre 20-120 |ig/ml e o seu valor IC50 foi de 60^g/ml (Fig. 17E).

A atividade de eliminação do catião radical ABTS da casca de *P. santalinus* de diferentes extractos de solventes (PE, TO, EA, AC, ME e AQ) extraídos pelo método individual de percolação a frio é apresentada na Fig. 18. Os diferentes extractos de solvente da casca apresentaram diferentes níveis de atividade. Na casca, todos os seis extractos de solvente apresentaram atividade de eliminação do catião radical ABTS. No extrato PE, a concentração variou de 100-600 |ig/ml e o seu valor IC50 foi de 600^g/ml (Fig. 18A). No extrato TO, a concentração variou de 100-600 |ig/ml e o valor IC50 foi de 300^g/ml (Fig. 18B). No extrato EA, a concentração variou entre 30-180 |ig/ml e o seu valor IC50 foi de 110^g/ml (Fig. 18C). No extrato AC, a concentração variou de 20-120 |ig/ml e o seu valor IC50 foi de 89^g/ml (Fig. 18D). No extrato ME, a concentração variou de 20-120 |ig/ml e o seu valor IC50 foi de 76^g/ml (Fig. 18E). No extrato AQ, a concentração variou de 100-600 |ig/ml e o valor IC50 foi de 325^g/ml (Fig. 18F).

A atividade de eliminação do catião radical ABTS de diferentes extractos de solventes da folha, caule e casca de *P. santalinus* extraídos pelo método individual de percolação a frio mostrou níveis variados de atividade. Em geral, nas três partes, os extractos de solventes polares mostraram mais atividade de eliminação do catião radical ABTS do que os solventes não polares. Em todas as três partes, o valor IC50 mais baixo foi registado no solvente polar ME. Quando as três partes foram comparadas, o valor IC50 mais baixo foi obtido no extrato ME do caule. No caule e na casca, o valor IC50 de outro solvente polar, o extrato AC, não foi muito diferente do extrato ME. O extrato aquoso do caule também mostrou uma boa atividade de eliminação do catião radical ABTS.

Método de percolação a frio sucessiva

A atividade de eliminação do catião radical ABTS da folha de *P.santalinus* de diferentes extractos de solventes (PE, TO, EA, AC, ME e AQ) extraídos pelo método de percolação a frio sucessiva é apresentada na Fig. 19. Os diferentes extractos de solventes da folha apresentaram diferentes níveis de atividade. Na folha, todos os seis extractos de solvente apresentaram atividade de eliminação do catião radical ABTS. No extrato PE, a concentração variou de 150-900 |ig/ml e o seu valor IC50 foi de 575^g/ml (Fig. 19A). No extrato TO, a concentração variou entre 120-720 |ig/ml e o seu valor IC50 foi de 560^g/ml (Fig. 19B). No extrato EA, a concentração variou entre 120-720 |ig/ml e o seu valor IC50 foi de 650^g/ml (Fig. 19C). No extrato AC, a concentração variou de 100-600 |ig/ml e o seu valor IC50 foi de 350^g/ml (Fig. 19D). No extrato ME, a concentração variou de 70-420 |ig/ml e o seu valor IC50 foi de 192,5^g/ml (Fig. 19E). No extrato AQ, a concentração variou entre 100-600 |ig/ml e o seu valor IC50 foi de 380^g/ml (Fig. 19F).

A atividade de eliminação do catião radical ABTS do caule de *P.santalinus* de diferentes extractos de solventes (PE, TO, EA, AC, ME e AQ) extraídos pelo método sucessivo de percolação a frio é apresentada na Fig.20. Os diferentes extractos de solvente do caule, tal como a folha, apresentaram diferentes níveis de atividade. No caule, todos os extractos de solvente mostraram atividade de eliminação do radical livre ABTS, exceto o extrato AQ. No extrato PE, a concentração variou de 160-960 |ig/ml e o seu valor IC50 foi de 600^g/ml (Fig.
20A). No extrato TO, a concentração variou de 40-240 |ig/ml e o seu valor IC50 foi de 126^g/ml (Fig. 20B). No extrato EA, a concentração variou entre 30-180 |ig/ml e o seu valor IC50 foi de 107,5^g/ml (Fig. 20C). No extrato AC, a concentração variou de 50-300 |ig/ml e o seu valor IC50 foi de 125^g/ml (Fig. 20D). No extrato ME, a concentração variou entre 50300 |ig/ml e o seu valor IC50 foi de 117,5^g/ml (Fig. 20E).

A atividade de eliminação do catião radical ABTS da casca de *P.santalinus* de diferentes extractos de solventes (PE, TO, EA, AC, ME e AQ) extraídos pelo método sucessivo de percolação a frio é apresentada na Fig. 21. Os diferentes extractos de solvente da casca apresentaram diferentes níveis de atividade. Na casca, todos os extractos de solvente apresentaram atividade de eliminação do radical livre ABTS, exceto os extractos PE e AQ. No extrato TO, a concentração variou de 20-120 |ig/ml e o seu valor IC50 foi de 57^g/ml (Fig. 21A). No extrato EA, a concentração variou entre 50-300 |ig/ml e o seu valor IC50 foi de 150^g/ml (Fig. 21B). No extrato AC, a concentração variou de 70-420 |ig/ml e o seu valor IC50 foi de 203^g/ml (Fig. 21C). No extrato ME, a concentração variou de 10-60 |ig/ml e o seu valor IC_{50} foi de 20^g/ml (Fig. 21D).

A atividade de eliminação do radical catião ABTS de diferentes extractos de solventes da folha, do caule e da casca de *P. santalinus* extraídos pelo método sucessivo de percolação a frio mostrou níveis variados de atividade. Ao contrário do método de percolação a frio individual, as três partes apresentaram níveis variados de atividade de eliminação do catião radical ABTS. Na folha e na casca, o valor IC_{50} mais baixo foi no extrato ME (192,5 |ig/ml e 20 |ig/ml respetivamente); enquanto no caule foi no extrato EA (107,5 |ig/ml), seguido de perto pelo extrato ME (117,5 |ig/ml). Quando as três partes foram comparadas, o valor IC_{50} mais baixo foi no extrato ME da casca.

Quando os dois métodos de extração foram comparados, na casca o método de percolação a frio individual foi o melhor, enquanto na folha e no caule, o método de percolação a frio sucessiva foi o melhor, como evidenciado pelos seus valores IC_{50}. Quando todas as partes foram comparadas, a atividade ABTS foi melhor no extrato ME da casca. A atividade máxima de ABTS em extractos de solventes polares (ME e AC) também é relatada por Chanda *et al.*, (2013).

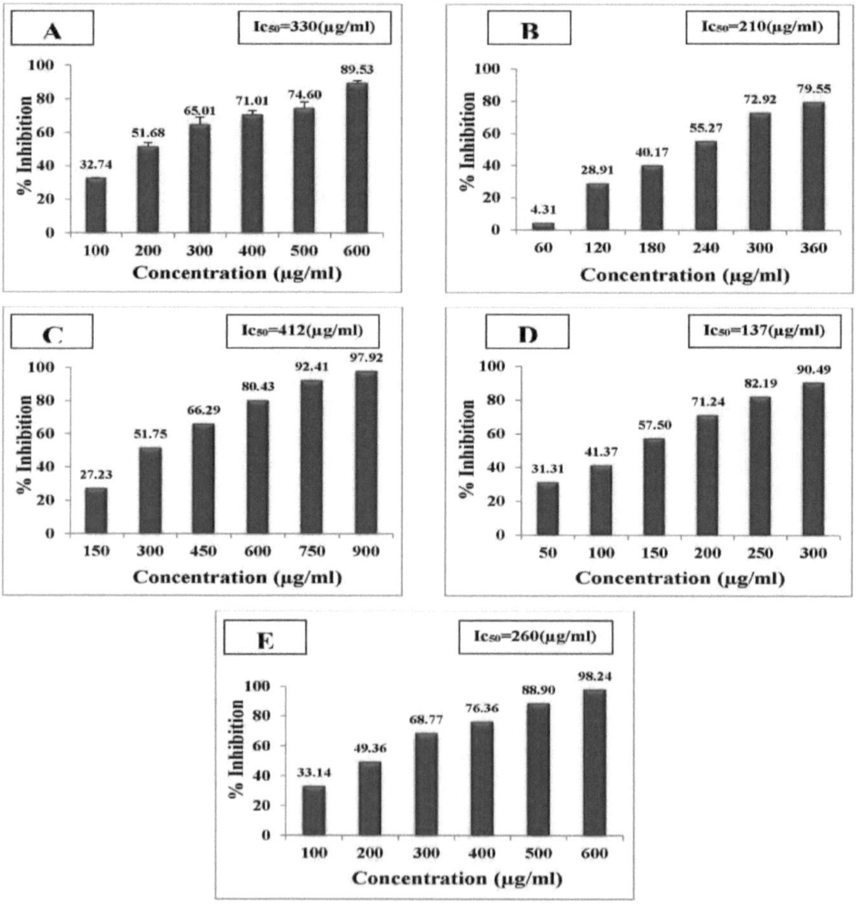

Fig.16 Atividade de eliminação do radical catião ABTS de *P. santalinus*; (Individual Frio Método de percolação) (A- Folha -TO),(B- Folha -EA), (C- Folha -AC),(D- Folha -ME),(E- Leaf- AQ)

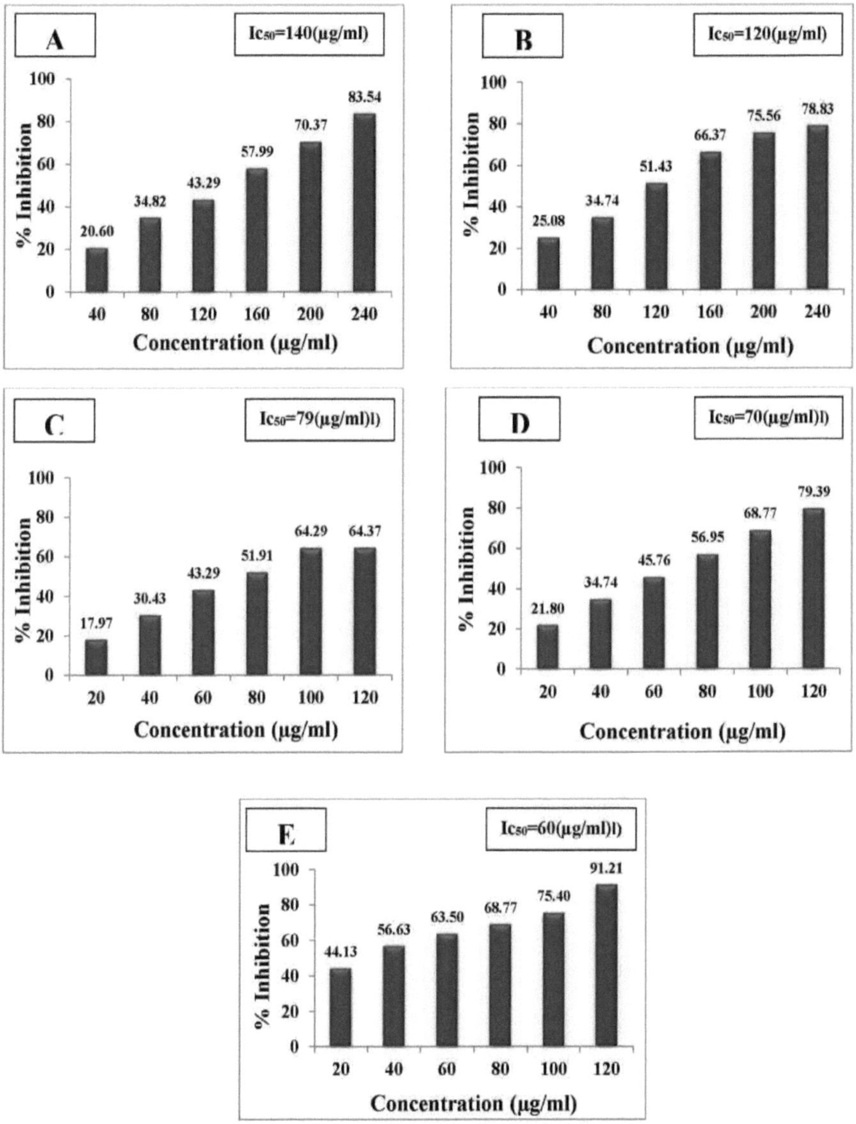

Fig.17 Atividade de eliminação do radical catião ABTS de *P. santalinus*; (Individual Frio Método de percolação) (A- Caule -TO), (B- Caule -EA), (C- Caule -AC), (D- Caule -ME), (E- Caule-AQ

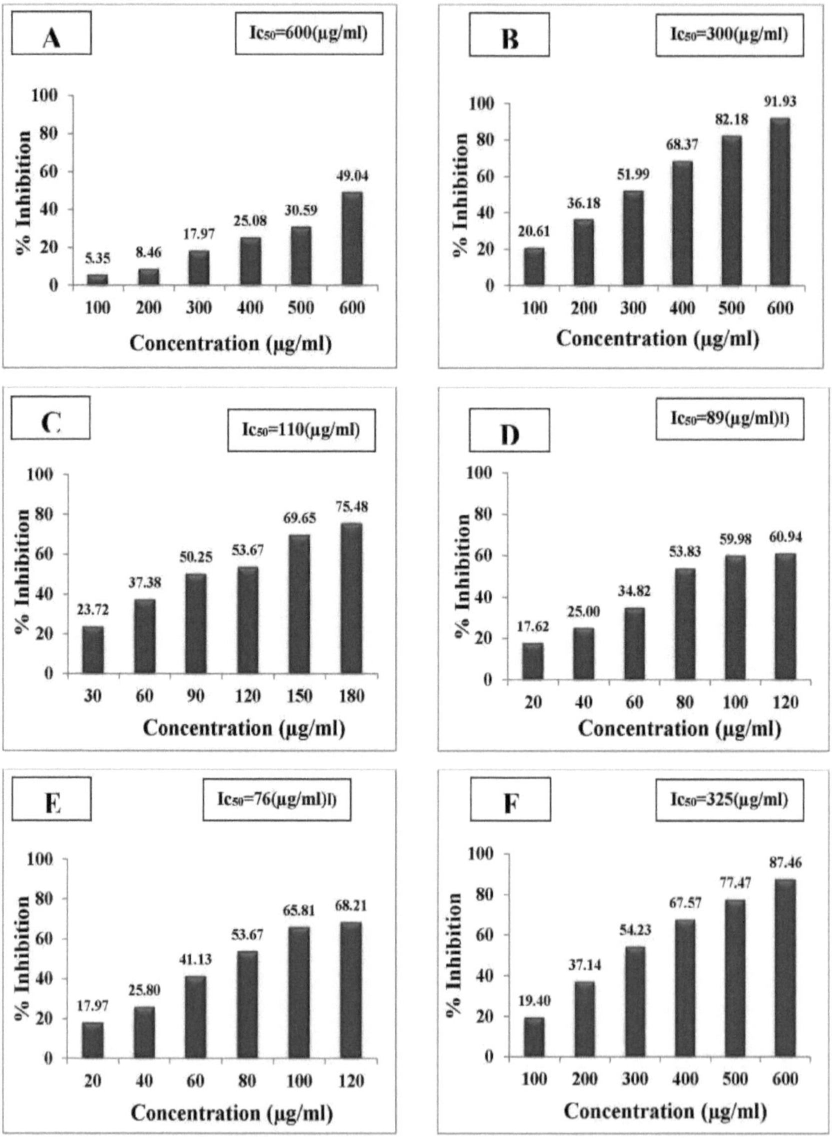

Fig.18 Atividade de eliminação do radical catião ABTS de *P. santalinus*; (Individual Frio Método de percolação) (A_Bark-PE),((B- Bark-TO),(C- Bark -EA), (D- Bark -AC),(E- Bark -ME),(F-Bark-AQ)

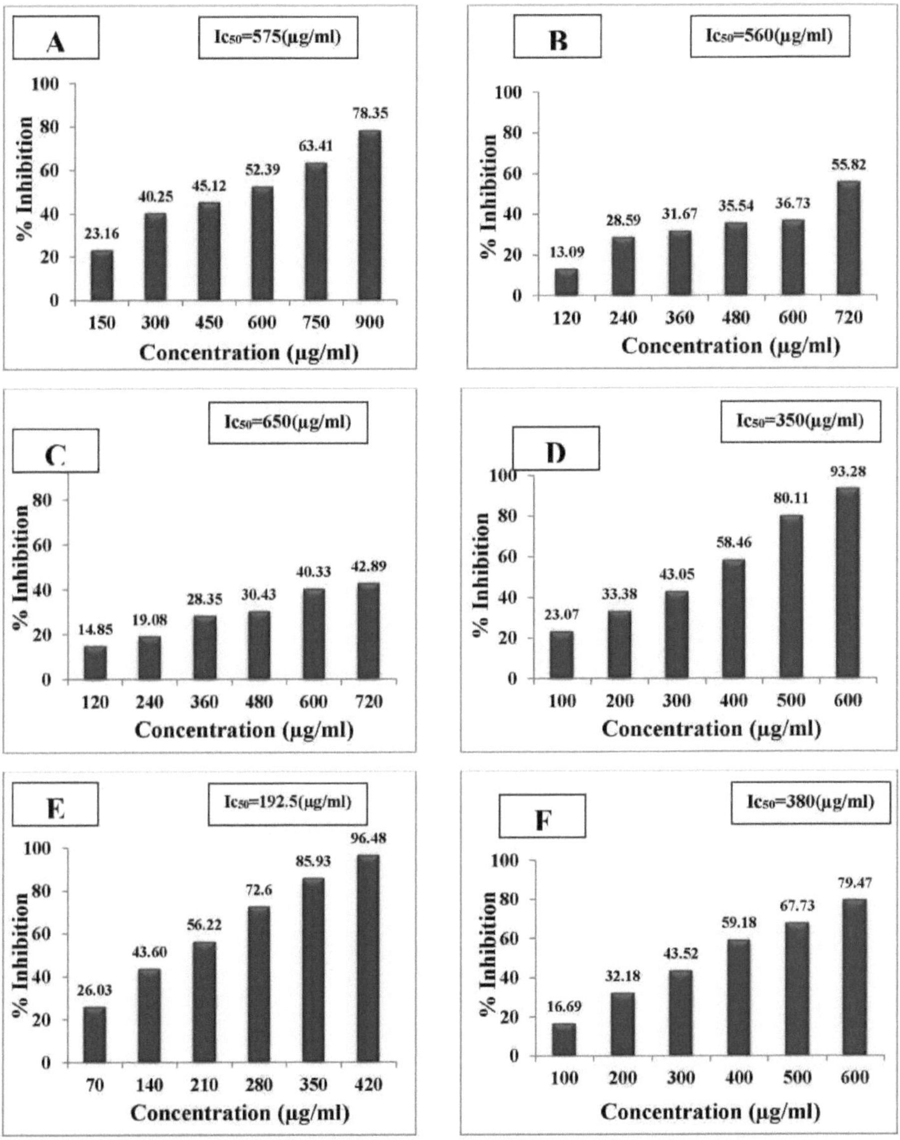

Fig.19 Atividade de eliminação do radical catião ABTS de *P. santalinus*; (Método de percolação sucessiva a frio)(A-Folha -PE),((B-Folha -TO),(C-Folha -EA), (D-Folha -AC),(E-Folha - ME),(F-Folha -AQ

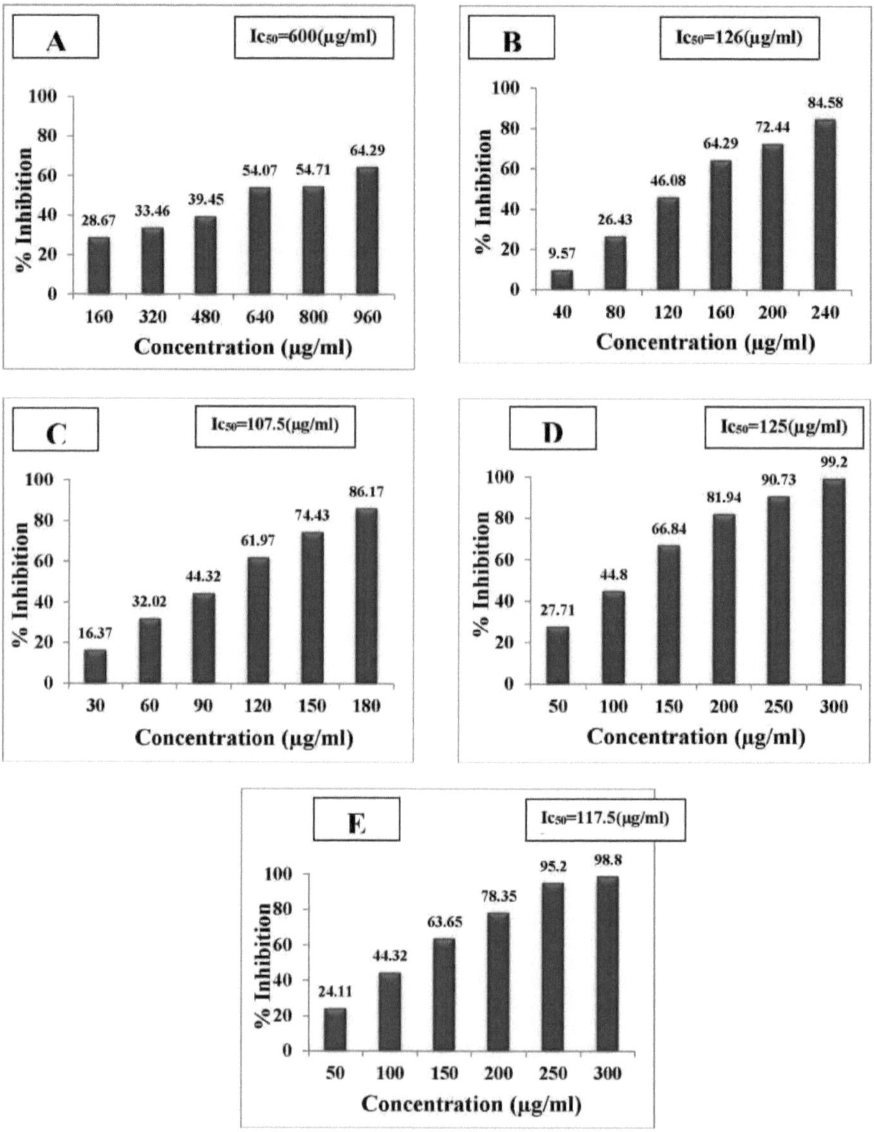

Fig.20 Atividade de eliminação do radical catião ABTS de *P. santalinus*; (Método de percolação sucessiva a frio) (A- Caule -PE), (B- Caule -TO), (C- Caule -EA), (D- Caule -AC), (E- Caule -ME

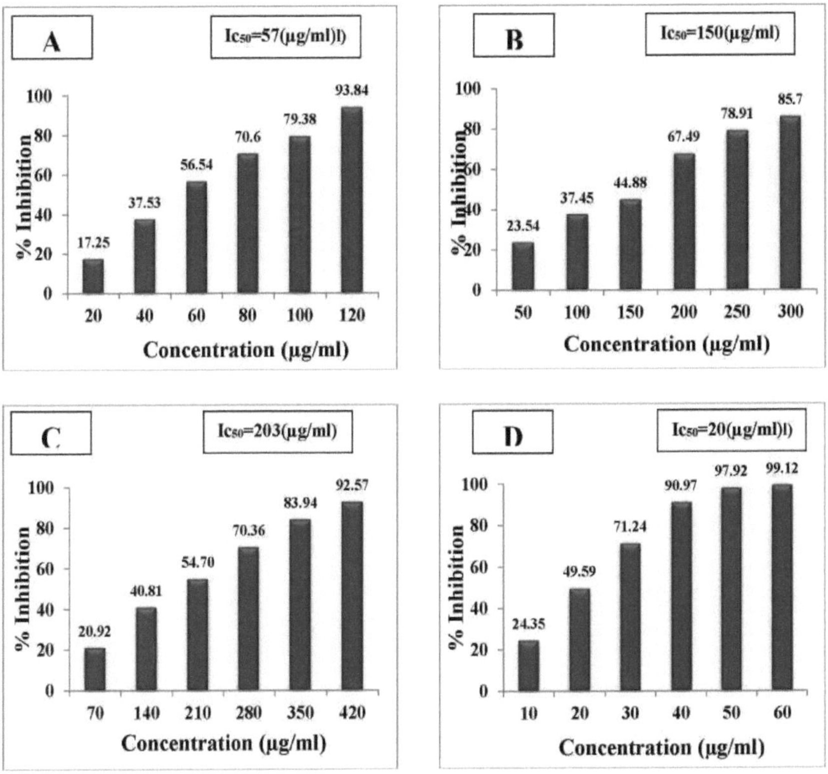

Fig.21 Atividade de eliminação do radical catião ABTS de *P. santalinus*; (Sucessivas aplicações a frio Método de percolação) (A-Casca - TO), (B-Casca - EA), (C-Casca - AC), (D-Casca - ME)

3.3.3 Poder antioxidante redutor férrico (FRAP)

O ensaio de redução férrica é um método simples e eficaz para analisar a natureza antioxidante dos compostos vegetais. No ensaio FRAP, os compostos antioxidantes presentes no extrato da planta reduzem o $Fe3+$/tripiridiltriazina com um aumento da absorvância a 593 nm. A capacidade redutora do composto serve como um indicador significativo da sua potencial capacidade antioxidante.

O poder antioxidante redutor férrico (FRAP) de *P. santalinus* de diferentes extractos de solvente (PE, TO, EA, AC, ME e AQ) extraídos por método de percolação a frio individual é apresentado na Fig. 22 A-C e extraído por método de percolação a frio sucessivo é apresentado na Fig. 22D-F.

No método de percolação a frio individual, a atividade FRAP na folha variou de 4,27% a 40,74 M/g; no caule, variou de 4,28 M/g a 109,86 M/g e na casca, variou de 4,03 M/g a 20,98 M/g (Fig. 22A-C). A atividade FRAP máxima foi registada no extrato ME da folha entre os solventes orgânicos. O extrato AQ do caule apresentou a atividade FRAP máxima (109,86 M/g).

No método de percolação a frio sucessiva, a atividade FRAP na folha variou de 3,66 M/g a 32,38 M/g; no caule variou de 3,61 M/g a 135,15 M/g e na casca variou de 4,16 M/g a 29,44 M/g. (Fig. 22D- F). A atividade FRAP máxima ocorreu no extrato ME do caule.

A atividade FRAP de diferentes extractos de solventes da folha, do caule e da casca de *P.santalinus* extraídos pelo método individual de percolação a frio mostrou um nível de atividade variado. Em todas as três partes, o extrato ME apresentou a atividade FRAP máxima; quando as três partes foram comparadas, o extrato ME da folha apresentou a atividade FRAP máxima. Tal como a atividade

DPPH, a atividade FRAP apresentou uma tendência totalmente diferente nos sucessivos métodos de percolação a frio. A atividade FRAP foi máxima no extrato ME do caule. Quando ambos os métodos foram comparados, o método de extração sucessiva foi melhor e quando todas as três partes foram comparadas, o extrato ME do caule mostrou a melhor atividade. Existem muitos relatórios na literatura em que o solvente polar ME apresentou uma atividade FRAP máxima em comparação com os solventes não polares EA e extrato HE (Vijaykumar *et al.*, 2013; Nguyen *et al.*, 2015). Chanda *et al.,* (2015) relataram a atividade FRAP máxima em diferentes extractos de solventes em diferentes partes da mesma planta *Lagenaria siceraria.*

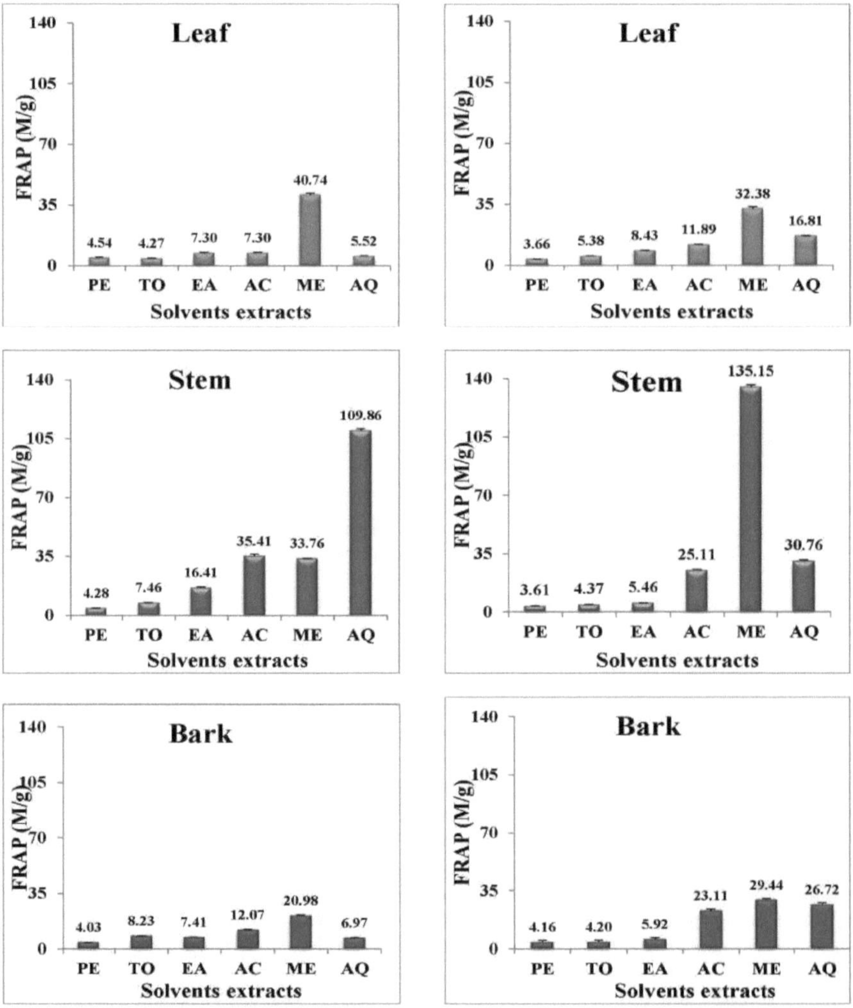

Poder antioxidante redutor férrico de diferentes extractos de solvente de *P. santalinus*; A, B e C (método de percolação individual a frio) e D, E e F (método de percolação sucessiva a frio)

3.3.4 Avaliação da capacidade de redução

A avaliação da capacidade redutora do ácido ascórbico padrão e de diferentes extractos de solvente (PE, TO, EA, AC, ME e AQ) de *P. santalinus* é apresentada na Fig. 23. No método de percolação a frio individual, na folha, a avaliação da capacidade redutora do extrato ME foi ligeiramente inferior à do ácido ascórbico padrão, seguida do extrato aquoso; enquanto todos os outros extractos de solventes mostraram uma avaliação fraca da capacidade redutora (Fig. 23A). No caule, a avaliação da capacidade redutora do extrato ME foi tão boa como a do ácido ascórbico padrão, seguida de perto pelo extrato AC. Todos os outros extractos mostraram uma avaliação fraca da capacidade redutora (Fig. 23B). Na casca, observou-se uma tendência totalmente diferente; todos os extractos apresentaram uma avaliação fraca da capacidade redutora (Fig. 23C). Entre todas as três partes, o extrato ME do caule apresentou a melhor avaliação da capacidade redutora. No método de percolação a frio sucessiva, na folha e na casca, todos os extractos com solvente apresentaram uma fraca avaliação da capacidade redutora (Fig. 23 D, F). Por outro lado, no caule, o extrato ME mostrou a mesma atividade que o padrão, enquanto todos os outros extractos com solvente mostraram uma atividade fraca (Fig. 23E). Quando ambos os métodos e todos os extractos de solventes das três partes foram comparados, o extrato ME do caule pelo método de percolação individual a frio apresentou a melhor avaliação da capacidade redutora. Comparando todas as actividades antioxidantes, todas as partes apresentaram uma ou outra atividade antioxidante por qualquer um dos métodos. No entanto, os resultados globais sugerem que o método individual de percolação a frio, o extrato ME com solvente do caule e da casca apresentaram a melhor atividade antioxidante. Resultados semelhantes são relatados por Liu et al., (2009) em flores de *Litchi chinenesis* e Moteriya *et al.,* (2014) em folha e caule de *Gloriosa superab.*

Comparando todas as actividades antioxidantes, todas as partes mostraram uma ou outra atividade antioxidante por qualquer um dos métodos. No entanto, os resultados globais sugerem que o método individual de percolação a frio, o extrato de solvente ME do caule e da casca apresentaram a melhor atividade antioxidante.

Finalmente, pode concluir-se que todas as três partes, ou seja, folha, caule e casca de *P. santalinus*, apresentaram diferentes níveis de fitoquímicos e capacidade antioxidante. Os parâmetros avaliados foram diferentes em diferentes partes, diferentes extractos de solvente e diferentes em ambos os métodos. Mas o melhor conteúdo fitoquímico e antioxidante foi nos extractos de solvente polar ME e AC avaliados por ambos os métodos. Por conseguinte, não se pode afirmar qualquer critério único; este varia e afecta bastante o método, o solvente e a parte utilizada. Todas as três partes apresentaram potencial antioxidante, pelo que a folha, o caule e a casca de *P. santalinus* podem ser utilizados como uma fonte natural de antioxidante. No entanto, são necessários mais estudos antes de poderem ser utilizados terapeuticamente.

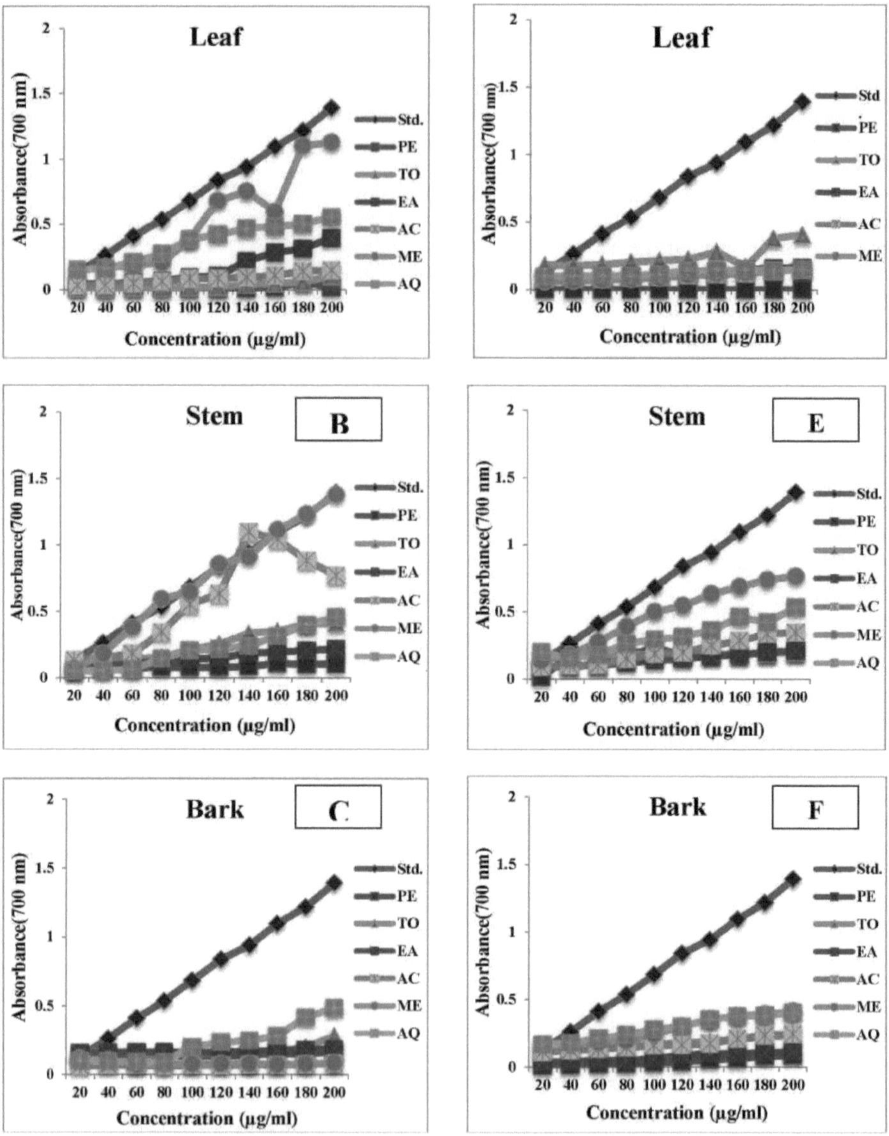

Fig.22 Avaliação da capacidade redutora do ácido ascórbico padrão, diferentes extractos de solvente de *P. santalinus*; A, B e C (Método de percolação individual a frio) e D, E e F (Método de percolação sucessiva a frio)

Conclusões

Rendimento de extração :

> **Método de percolação individual a frio**

- Rendimento extrativo máximo - Extrato de AQ de folha (8,63%)
- Rendimento extrativo máximo - Extrato ME do caule (7,02%)
- **Rendimento extrativo máximo - Extrato ME da casca (15,86%)**

> **Método de percolação a frio sucessiva**

- Rendimento extrativo máximo - Extrato de AQ de folha (4,77%)
- Rendimento extrativo máximo - Extrato ME do caule (2,51%)
- Rendimento extrativo máximo - Extrato ME da casca (2,80%)

Análise fitoquímica quantitativa:

> **Teor de fenóis totais** :

> **Método de percolação individual a frio**

- Teor máximo de fenóis totais - Extrato AC da folha (93,35 mg/g)
- **Teor máximo de fenóis totais - Extrato AC do caule (115,98 mg/g)**
- Teor máximo de fenóis totais - Extrato de **AQ da casca (95,91** mg/g)

> **Método de percolação a frio sucessiva**

- Teor máximo de fenóis totais - Extrato AC da folha (89,55 mg/g)
- Teor máximo de fenóis totais - Extrato ME do caule (78,44 mg/g)
- Teor máximo de fenóis totais - Extrato ME da casca (58,78 mg/g)

> **Teor de ácidos fenólicos :-**

> **Método de percolação individual a frio**

- Teor máximo de ácido fenólico - Extrato AC da folha (1,20 mg/g)
- **Teor máximo de ácido fenólico - Extrato AC do caule (1,71 mg/g)**
- Teor máximo de ácido fenólico - Extrato de AQ da casca (0,78 mg/g)

> **Método de percolação a frio sucessiva**

- Teor máximo de ácido fenólico - Extrato AC da folha (0,51 mg/g)
- Teor máximo de ácido fenólico - Extrato AC do caule (1,02 mg/g)
- Teor máximo de ácido fenólico - Extrato ME da casca (0,34 mg/g)

> **Teor total de flavonóides :**

- **Método de percolação individual a frio**
- Teor máximo de flavonóides totais - Extrato AC da folha (34,40 mg/g)
- **Teor máximo de flavonóides totais - Extrato EA do caule (54,85 mg/g)**
- Teor máximo de flavonóides totais - Extrato TO da casca (16,38 mg/g)
- **Método de percolação a frio sucessiva**:-.

Teor máximo de flavonóides totais - Extrato TO de folha (88,00 mg/g)
Teor máximo de flavonóides totais - Extrato PE do caule (155,16 mg/g)
Teor máximo de flavonóides totais - Extrato ME da casca (194,33 mg/g)

> **Teor de flavonóis :**

> **Método de percolação individual a frio**

Teor máximo de flavonóis - Extrato EA da folha (89,67 mg/g)
Teor máximo de flavonóis - Extrato EA do caule (113,66 mg/g)
Teor máximo de flavonóis - Extrato TO da casca (247,24 mg/g)

> **Método de percolação a frio sucessiva**:-.

Teor máximo de flavonóis - Extrato TO de folha (388,59 mg/g)
Teor máximo de flavonóis - Extrato PE do caule (201,79 mg/g)
Teor máximo de flavonóis - Extrato ME da casca (402,23mg/g)

> **Teor de proantocianidinas:**

> **Método de percolação individual a frio**

Teor máximo de proantocianidinas - Extrato AC da folha (21,80 mg/g)
Teor máximo de proantocianidinas - Extrato EA do caule (27,73mg/g)
Teor máximo de proantocianidinas - Extrato AC da casca (14,24 mg/g)

> **Método de percolação a frio sucessiva**:-.
Teor máximo de proantocianidinas - Extractos ME de folhas (32,68 mg/g)
Teor máximo de proantocianidinas - Extrato AC do caule (20,66 mg/g)
Teor máximo de proantocianidinas - Extrato AC da casca (8,89 mg/g)

Atividade antioxidante

> **Atividade de eliminação do radical livre DPPH:**

> **Método de percolação individual a frio**
Folha - valor IC50 mais baixo do extrato ME (52 mg/g)
Caule - valor IC50 mais baixo do extrato ME (31,5 mg/g)
Casca - valor IC50 mais baixo do extrato ME (13,75mg/g)

> **Método de percolação a frio sucessiva**:-.
Folha - valor IC50 mais baixo do extrato ME (45 mg/g)
Caule - valor IC50 mais baixo do extrato AC (32,25 mg/g)
Casca - Valor IC50 (> 1000)

> **Atividade de eliminação do radical livre catiónico ABTS**

> **Método de percolação individual a frio**
Folha - valor IC50 mais baixo do extrato ME (137 mg/g)
Caule - valor IC50 mais baixo do extrato ME (60mg/g)
Casca - valor IC50 mais baixo do extrato ME (89 mg/g)

> **Método de percolação a frio sucessiva**
Folha - valor IC50 mais baixo do extrato ME (192,5 mg/g)
Caule - valor IC50 mais baixo do extrato de EA (107,5 mg/g)
Casca - valor IC50 mais baixo do extrato ME (20 mg/g)

> **Atividade do ensaio de potência antioxidante de redução férrica (FRAP)**

> **Método de percolação individual a frio**
Máximo - Extrato ME da folha (40,75 mg/g)
Máximo - Extrato de AQ do caule (109,87 mg/g)
Máximo - Extrato ME da casca (20,98 mg/g)

> **Método de percolação a frio sucessiva**:-.
Máximo - Extrato TO de folha (32,38 mg/g)
Máximo - Extrato PE do caule (135,15 mg/g)
Máximo - Extrato ME da casca (29,44 mg/g)

> **Avaliação da capacidade de redução**

> **Método de percolação individual a frio**
Atividade máxima - Extrato ME da folha
Atividade máxima - Extrato de ME do caule
Atividade máxima - Extrato de AQ da casca

> **Método de percolação a frio sucessiva**:-.
Atividade máxima - Extrato da folha TO
Atividade máxima - Extrato de ME do caule
Atividade máxima - Extrato de AQ da casca

Referências

Abdel-Hameed ESS (2009). Conteúdo fenólico total e atividade de eliminação de radicais livres de certas amostras de folhas de espécies de *Ficus* egípcias. Food Chemistry 114(4): 1271-1277.
Abebe M, Abebe A, Mekonnen A (2017). Avaliação das actividades antioxidantes e antibacterianas dos extractos brutos da raiz de *Verbena officinalis* Linn ou atuch (amárico). Química Internacional 3(2): 172-184.
Ahmad A, Gupta G, Afzal M, Kazmi I, Anwar F (2013). Actividades anti-úlcera e antioxidantes de um novo esteroide de *Morus alba*. Ciências da Vida 92(3): 202-210.
Ahmed M e Nayar (1984). Árvore de areia vermelha (*Pterocarpus santalinus L.f.*) à beira do esgotamento. Boletim do Serviço Botânico da Índia 26: 142-143.
Al-Gendy AA, Ali RM, Hamdan DI, Abdel-Ghani, AES (2016). Flavonóides induzidos por elicitação, constituintes fenólicos, atividades antioxidantes e citotóxicas de culturas de calos de *Artemisia monosperma*. Jornal de Pesquisa de Plantas Medicinais 10(40): 717-731.
Alimi H, Hfaiedh N, Bouoni Z, Hfaiedh M, Sakly M, Zourgui L, Rhouma KB (2010). Actividades antioxidantes e antiulcerogénicas do extrato de raiz de *Opuntia ficus-indica* no rato. Phytomedicine 17: 1120-1126.
Alok S, Jain SK, Verma A, Kumar M, Mhor A, Sabharwal M (2014). Antioxidante à base de plantas na prática clínica: uma revisão. Jornal do Pacífico Asiático de Biomedicina Tropical 4(1): 78-84.
Ammar I, Ennouri M, Attia H (2015). O conteúdo fenólico e a atividade antioxidante das flores de cato (*Opuntia ficus-indica* L.) são modificados de acordo com o método de extração. Culturas e produtos industriais 64: 97-104.
Ammar I, Ennouri M, Attia H (2015). O conteúdo fenólico e a atividade antioxidante das flores de cato (*Opuntia ficus-indica* L.) são modificados de acordo com o método de extração. Culturas e produtos industriais 64: 97-104.
Athukorala Y, Kim KN e Jeon YJ (2006) Propriedades antiproliferativas e antioxidantes de um hidrolisado enzimático de alga castanha, *Ecklonia cava*. Food and Chemical Toxicology 44(7): 1065-1074.
Avato P, Bucci R, Tava A, Vitali C, Rosato A, Bialy Z, Jurzysta M (2006). Atividade antimicrobiana de saponinas de *Medicago* sp.: relação estrutura-atividade. Phytotherapy Research 20 (6): 454-457.
Ayaz M, Junaid M, Subhan F, Ullah F, Sadiq A, Ahmad S, Imran M , Kamal Z , Hussain S, Shah, S. M. (2014). Análise de metais pesados, investigações fitoquímicas, fitotóxicas e anti-helmínticas de extrato metanólico bruto, frações subsequentes e saponinas brutas de *Polygonum hydropiper* L. BMC Complementary and Alternative Medicine 14(1): 465-471.
Babbar N, Oberoi HS, Sandhu SK, Bhargav VK(2014). Influência de diferentes solventes na extração de compostos fenólicos de resíduos vegetais e sua avaliação como fontes naturais de antioxidantes, Journal of Food Sciences and Technology 51(10): 2568-2575.
Benedec D, Vlase L, Oniga I, Mot AC, Damian G, Hanganu D (2013). Composição polifenólica, actividades antioxidantes e antibacterianas para duas subespécies romenas de *Achillea distans* Waldst. selvagem. Molecules 18: 8725-8873.
Benzie IF e Strain JJ (1996). The ferric reducing ability of plasma (FRAP) as a measure of "antioxidant power" the FRAP assay. Analytical Biochemistry 239: 70-76.
Biswas TK, Maity LN, Mukherjee B (2004). Potencial de cicatrização de feridas de *Pterocarpus santalinus* Linn: uma avaliação farmacológica. O Jornal Internacional de Feridas das Extremidades Inferiores 3(3): 143-150.
Bitis L, Kultur S, Melikoglu G, Ozsoy N, Can A (2010). Flavonóides e atividade antioxidante das folhas de *Rosa agrestis*. Natural Product Research 24(6): 580-589.

Bochi VC, Barcia MT, Rodrigues D, Speroni CS, Giusti MM, Godoy HT (2014). Otimização da extração de polifenóis da polpa de *groselha do Ceilão* (Dovyalis hebecarpa). Química de Alimentos 164:347-354.
Boutennoun H, Boussouf L, Rawashdeh A, Al-Qaoud K, Abdelhafez S, Kebieche M, Madani K (2017). Actividades citotóxicas e antioxidantes *in vitro* de componentes fenólicos das folhas argelinas de *Achillea odorata*. Jornal Árabe de Química 10(3): 403-409.
Cesaratto L, Vascotto C, Calligaris S, Tell G (2004). A importância do estado redox na lesão hepática. Anais de Hepatologia 3(3): 86-92.
Chahmi N, Anissi J, Jennan S, Farah A, Sendide K, El Hassouni M (2015). Actividades antioxidantes e teor de fenóis totais de extractos de *Inula viscosa* seleccionados de três regiões de Marrocos. Jornal do Pacífico Asiático de Biomedicina Tropical 5(3): 228-233.
Chanda S e Nagani K (2010) Capacidade antioxidante dos extractos de folhas de *Manilkara zapota* L. avaliada por quatro métodos *in vitro*. Ciência da Natureza 8(10): 260-266.
Chanda S, Rakholiya K, Dholakia K e Baravalia Y (2013) Propriedade antimicrobiana, antioxidante e sinérgica de duas plantas nutracêuticas: *Terminalia catappa* L. e *Colocasia esculentum* L. Turkish Journal of Biology 37:81-91.
Chanda S, Moteriya P, Padalia H, Rathod T, Baravalia Y (2015). Actividades antioxidantes e quelantes de metais da casca, polpa e partes aéreas de *Lagenaria siceraria* (Molina) Standl em relação ao seu teor total de fenol e flavonóides. Phramacognosy Journal 7(1):64-73.
Chipiti T, Ibrahim MA, Koorbanally NA, Islam MS (2015). Atividade antioxidante *in vitro* e análise GC-MS dos extratos etanólico e aquoso das partes de *Cissus cornifolia* (Baker) Splanch (Vitaceae). Ata Poloniae Pharmaceutica Drug Research 72(1): 119-127.
Correa G, Abreu VDC, Martins D, Takahashi JA, Fontoura HS, Cara DC, Veloso DP, Alcantara AFC (2014). Atividades antiinflamatória e antimicrobiana de esteróides e triterpenos isolados de partes aéreas de *Justicia acuminatissima* (Acanthaceae). Revista Internacional de Farmácia e Ciências Farmacêuticas 6(6): 75-81.
Cushnie TT e Lamb AJ (2011). Avanços recentes na compreensão das propriedades antibacterianas dos flavonóides. Jornal Internacional de Agentes Antimicrobianos 38(2): 99-107.
Dahal T, Kandel S, Pandeya A, Pokhrel B (2017). Estudo das actividades antibacterianas e antioxidantes de quatro especiarias comuns da cozinha nepalesa. Jornal Africano de Farmácia e Farmacologia 11(6): 103-107.
Dajas F, Arredondo F, Echeverry C, Ferreira M, Morquio A, Rivera F (2005). Os flavonóides e o cérebro: evidências e mecanismos putativos para uma capacidade protetora. Current Neuropharmacology 3(3): 193-205.
Djeridane A, Yousfi M, Nadjemi B, Boutassouna D, Stocker P, Vidal N (2006). Atividade antioxidante de alguns extractos de plantas medicinais argelinas contendo compostos fenólicos. Food Chemistry 97: 654-660.
Donga S, Moteriya P, Pande J, Chanda S (2017a) Desenvolvimento de parâmetros de controlo de qualidade para a normalização de folhas e caules de Pterocarpus santalinus Linn. F. folha e caule. J Phcog Phytochem 6(4):242-252.
Donga S, Pande J, Moteriya P e Chanda S (2017b). Estudo de citotoxicidade *in vitro* da folha, caule e casca de *Pterocarpus santalinus* Linn. f. J Phcog Phytochem 6(4):297-305.
Ferreira IC, Batista P, Vilas-Boas M, Barros L (2007). Capacidade de eliminação de radicais livres e poder redutor de cogumelos silvestres comestíveis do nordeste de Portugal: atividade individual do chapéu e do estipe. Food Chemistry 100(4): 1511-

1516.
Formagio ASN, Volobuff CRF, Santiago M, Cardoso CAL, Vieira MDC, Valdevina Pereira Z (2014). Avaliação da atividade antioxidante, flavonoides totais, taninos e compostos fenólicos em extratos de folhas de *Psychotria*. Antioxidantes 3(4): 745-757.
Garcia O e Castillo J (2008). Atualização das utilizações e propriedades dos flavonóides dos citrinos: novas descobertas na atividade anticancerígena, cardiovascular e anti-inflamatória. Journal of Agricultural and Food Chemistry 56(6): 6185-6205.
Hamad HO, Alma MH, Gulcin I, Yilmaz MA, Karaogul E (2017). Avaliação do conteúdo fenólico e bioatividade dos extractos de raiz e nutgall de *quercus-infectoria* Olivier *iraquiano*. Registos de Produtos Naturais 11(2): 205-210.
Han Q, Wu Z, Huang B, Sun L, Ding C, Yuan S, Liu J (2016). Extração, actividades antioxidantes e antibacterianas de polissacáridos de frutos de *Broussonetia papyrifera*. Revista Internacional de Macromoléculas Biológicas 92: 116-124.
Hatamnia AA, Abbaspour N, Darvishzadeh R (2014). Atividade antioxidante e perfil fenólico de diferentes partes dos frutos de Bene (*Pistacia atlantica* sub sp. *kurdica*). Food Chemistry 145: 306311.
He J, Yin T, Chen Y, Cai L, Tai Z, Li Z, Liu C, Wang Y, Ding Z (2015). Compostos fenólicos e atividades antioxidantes de flores comestíveis de *Pyrus pashia*. Jornal de Alimentos Funcionais 17: 371-379.
Hoon LY, Choo C, Watawana MI, Jayawardena N, Waisundara VY (2014). Avaliação da capacidade antioxidante total e compostos antioxidantes de diferentes extractos de solventes de pinhões Chilgoza (*Pinus gerardiana*), Journal of Functional Foods doi: 10.1016/j.jff.2014.07.009.
Huang Q, Guo Y, Fu R, Peng T, Zhang Y, Chen F (2014). Atividade antioxidante de flavonóides de folhas de *Jatropha curcus*. Science Asia-Journal of the Science Society of Thailand 40: 193- 197.
Jemaa HB, Jemia AB, Khlifi S, Ahmed HB, Slama FB, Benzarti A, Aouidet A (2017). Atividade antioxidante e potencial inibidor da a-amilase de *Rosa canina* L. Jornal Africano de Medicinas Tradicionais, Complementares e Alternativas 14(2): 1-8.
Kaneria M, Kanani B, Chanda S (2012). Avaliação do efeito dos métodos hidroalcoólico e de decocção na extração de antioxidantes de plantas medicinais indianas seleccionadas. Jornal do Pacífico Asiático de Biomedicina Tropical 2(3): 195-202.
Kaneria MJ e Chanda SV (2013). O efeito da técnica de fracionamento sequencial nas várias eficácias da romã (*Punica granatum* L.). Métodos Analíticos Alimentares 6(1): 164175.
Koduru S, Grierson DS, Afolayan AJ (2007). Informação etnobotânica de plantas medicinais utilizadas para o tratamento do cancro na província do Cabo Oriental, África do Sul. Current Science 92(7): 906-908.
Kontogianni VG e Gerothanassis IP (2012). Compostos fenólicos e atividade antioxidante de extractos de folhas de oliveira. Natural Product Research 26(2): 186-189.
Kumar D (2011). Actividades anti-inflamatórias, analgésicas e antioxidantes do extrato metanólico de madeira de *Pterocarpus santalinus* L. Journal of Pharmacology and Pharmacotherapeutics 2(3): 200-202.
Kwon HJ, Hong YK, Kim KH, Han CH, Cho SH, Choi JS, Kim BW (2006) O extrato metanólico de *Pterocarpus santalinus induz* apoptose em células HeLa. Journal of Ethanopharmacology 105(1-2): 229-234.
Lee HP, Zhu X, Casadesus G, Castellani RJ, Nunimura A, Smith MA, Lee H, Perry G (2012). Abordagens antioxidantes para o tratamento da doença de Alzeimer. Revisão de Especialistas em Neuroterapêutica 10: 1201-1208.
Lin K, Pan J, Chen Y, Cheng R, Xu X (2009). Estudo da adsorção de fenol de uma

solução aquosa em nanopós de hidroxiapatite. Journal of Hazardous Materials 161(1): 231-240.
Liu S, Lin J, Wang C, Chen H, Yang D (2009). Propriedades antioxidantes de vários extractos de solvente de flores de lichia (*Litchi chinenesis* Sonn.). Química Alimentar 114: 577-581.
Liu YJ, Zhan J, Liu XL, Wang Y, Ji J, He QQ (2014). Ingestão de flavonóides na dieta e risco de diabetes tipo 2: uma meta-análise de estudos de coorte prospectivos. Nutrição Clínica 33(1): 59-63.
Majumdar S e Dave R (2013). Estudo de formulação de gel contendo extrato de *Pterocarpus santalinus* para a sua atividade anti-inflamatória. Jornal Mundial de Farmacognosia e Ciências Farmacêuticas 2(6): 4951-4964.
Manjunatha BK (2006a). Atividade antibacteriana de *Pterocarpus santalinus*. Jornal *Indiano* de Ciências Farmacêuticas 68(1): 115-116.
Manjunatha BK (2006b). Atividade hepatoprotectora de *Pterocarpus santalinus* L.f, uma planta medicinal em vias de extinção. Indian Journal of Pharmacology 38(1): 25-28.
Mc Cune L e Johns T (2002). Antioxidant activity in medicinal plant associated with the symptoms of diabetes mellitus used by the indigenous people of the north American boreal forest. Journal of Ethanopharmacology 82: 197-205.
Mc Donald S, Prenzler PD, Autolovich M e Robards K (2001). Conteúdo fenólico e atividade antioxidante dos extractos de azeitona. Food Chemistry 73: 73-84.
Mikulikova L e Popov P (2001). Stress oxidativo, metabolismo do etanol e doenças relacionadas com o álcool. Journal of Biomedical Science 8: 59-70.
Moteriya P, Ram J, Rathod T e Chanda S (2014) Potencial antioxidante e antibacteriano *in vitro* da folha e do caule de *Gloriosa superba* L. American Journal of Phytomedicine and Clinical Therapeutic 2(6):703-718.
Muccilli V, Cardullo N, Spatafora C, Cunsolo V, Tringali C (2017). Inibição da a-Glucosidase e atividade antioxidante de um tanino comercial enológico. Extração, fracionamento e análise por HPLC/ESI-MS/MS e 1 H NMR. Química Alimentar 215: 50-60.
Muhacir-Guzel N, Turkyilmaz M, Yemis O, Tagi S, Ozkan M (2014). Alterações nos taninos hidrolisáveis e condensados de sumos de romã (*Punica granatum* L., cv. Hicaznar) de sacos e frutos inteiros durante a produção e a sua relação com a atividade antioxidante. LWT-Ciência e Tecnologia Alimentar 59(2): 933-940.
Mustapa AN, Martin A, Mato RB, Cocero MJ (2015). Extração de fitocompostos da planta medicinal *Clinacanthus nutans* Lindau por extração assistida por micro-ondas e extração supercrítica de dióxido de carbono. Culturas e Produtos Industriais 74: 83-94.
Nagaraju N, Prasad M, Gopalakrishna G, Raol KN (2008). Efeito redutor do açúcar no sangue do extrato de madeira de *Pterocarpus santalinus* (Red Sanders) em diferentes modelos de ratos. Jornal Internacional de Farmacognosia 29(2): 141-144.
Namiki M (1990). Antioxidantes/antimutagénicos nos alimentos. Revisões Críticas em Ciências Alimentares e Nutrição 29: 273-300.
Narayan S, Veeraraghavan M, Devi CS (2007). *Pterocarpus santalinus*: um estudo *in vitro* sobre o seu efeito anti-helicobacter pylori. Phytotherapy Research 21(2): 190-193.
Nguyen VT, Bowyer MC, Vuong QV, Van Altena IA, Scarlett CJ (2015). Fitoquímicos e capacidade antioxidante da raiz de Xao tam phan (*Paramignya trimera*) como afetados por vários solventes e métodos de extração. Culturas e produtos industriais 67:192-200.
Padalia H e Chanda S (2014). Avaliação da eficácia antioxidante de diferentes fracções de flores de *Tagetes erecta* L.. IOSR Journal of Pharmacy and Biological Sciences 9(5): 28-30.
Pahari B, Chakraborty S, Chaudhuri S, Sengupta B, Sengupta PK (2012). Propriedades

de ligação e antioxidantes de flavonóides de plantas terapeuticamente importantes em biomembranas: percepções de estudos espectroscópicos e químicos quânticos. Química e Física dos Lípidos 165(4): 488496.
Parekh J e Chanda S (2007). Atividade antimicrobiana *in vitro* e análise fitoquímica de algumas plantas medicinais indianas. Jornal Turco de Biologia 31(1): 53-58.
Patel PK, Patel MA, Vyas BA, Shah DR, Gandhi TR (2012). Atividade antiurolítica da fração rica em saponina dos frutos de *Solanum xanthocarpum* Schrad. & Wendl. (Solanaceae) contra a urolitíase induzida por etilenoglicol em ratos. Journal of Ethnopharmacology 144(1): 160-170.
Pietta PG (2000). Flavonóides como antioxidantes. Journal of Natural Products 63(7): 1035-1042.
Razack S, Kumar KH, Nallamuthu I, Naika M, Khanum F (2015). Antioxidante, atividades protetoras de oxidação de biomoléculas de *Nardostachys jatamansi* DC e sua análise fitoquímica por RP-HPLC e GC-MS. Antioxidantes 4(1): 185-203.
Re RN, Pellegl-lm A, Proteggente, A, Pannala, M, Yang, Rice-Evans C (1999). Atividade antioxidante aplicando um ensaio melhorado de descoloração do radical catião ABTS. Biologia e Medicina 26: 1231-1237.
Rebaya A, Belghith SI, Baghdikian B, Leddet VM, Mabrouki F, Olivier E, Cherif JK, Ayadi MT (2014). Fenólicos totais, flavonóides totais, teor de taninos e capacidade antioxidante de *Halimium halimifolium* (Cistaceae) Journal of Applied Pharmaceutical Science 5 (01): 52-57.
Reenu J, Azeez S, Bhageerathy C (2015). Potencial antioxidante *in vitro* em extractos sequenciais de rizomas de *Curcuma caesia* Roxb. Jornal Indiano de Ciências Farmacêuticas 77(1): 41-48.
Samarakoon SR, Shanmuganathan C, Ediriweera MK, Tennekoon KH, Piyathilaka P, Thabrew I, de Silva ED (2016). Atividade citotóxica e antioxidante *in vitro* de extratos de folhas de planta de mangue, *Phoenixpaludosa* Roxb. Tropical Journal of Pharmaceutical Research 15(1): 127-132.
Scalbert A (1991). Propriedades antimicrobianas dos taninos. Phytochemistry 30(12): 3875-3883.
Sharma R, Joshi A, Pandey D, Hemalatha S (2015). Padronização farmacognóstica, atividade antioxidante e análise fitoquímica das folhas de *Enicostemma verticillatum*. Jornal de Ervas, Especiarias e Plantas Medicinais 21(2): 182-192.
Singh A, Sabally K, Kubow S, Donnelly DJ, Gariepy Y, Orsat V, Raghavan GSV (2011). Extração assistida por micro-ondas de antioxidantes fenólicos de cascas de batata. Molecules 16(3): 2218-2232.
Singh M, Pandey N, Agnihotri V, Singh KK, Pandey A (2016) Antioxidante, atividade antimicrobiana e compostos bioactivos de *Bergenia ciliata* Sternb.: Uma erva medicinal valiosa de Sikkim Himalaya. Jornal de Medicina Tradicional e Complementar 7(2): 152-157.
Sivaraj C, Abirami K, Nishanthika TK, Purana KN, Arumugam P, Iqbal S (2015). Actividades antioxidantes e análise cromatográfica em camada fina do extrato aquoso de cascas de *Cinnamomum zeylanicum* Blume. Jornal Americano de Fitomedicina e Terapêutica Clínica 3(10): 654665.
Skotti E, Anastasaki E, Kanellou G, Polissiou M, Tarantilis PA (2014). Conteúdo fenólico total, atividade antioxidante e toxicidade de extractos aquosos de plantas medicinais e aromáticas gregas seleccionadas. Culturas e produtos industriais 53: 46-54.
Sriwatcharakul S (2016). Actividades antimicrobianas, antioxidantes e citotóxicas de *Cleoma viscosa* Linn. extractos brutos. Academia Mundial de Ciência, Engenharia e Tecnologia, Revista Internacional de Engenharia Biológica, Biomolecular, Agrícola, Alimentar e Biotecnológica 10(7): 435-438.
Sutanto H, Himawan E, Kusumocahyo SP (2015). Extração assistida por ultrassom de

frutas amargas Gourd (*Momordica charantia*) e evaporação a vácuo para concentrar o extrato. Procedia Chemistry 16: 251-257.
Tchamadeu MC, Dzeufiet PDD, Nana P, Nouga CK, Tsofack FN, Allard J, Blaes N, Siagat R, Zapfack L, Girolami JP, Tack I , Kamtchouinga P. Tack I. (2011). Estudos de toxicidade oral aguda e sub-crónica de um extrato aquoso de casca de caule de *Pterocarpus soyauxii* Taub (Papilionaceae) em roedores. Journal of Ethnopharmacology 133(2): 329-335.
Tomczyk M, Pleszczynska M, Wiater A (2010). Variação no conteúdo total de polifenólicos das partes aéreas de espécies de Potentilla e sua atividade anticariogénica. Molecules 15: 4639-4651.
Tsimogiannis DI e Oreopoulou V (2004). Eliminação de radicais livres e atividade antioxidante de flavonóides 5, 7, 3', 4'-hidroxi-substituídos. Ciência alimentar inovadora e tecnologias emergentes 5(4): 523-528.
Tsoi B, Yi RN, Cao LF, Li SB, Tan RR, Chen M, Li XX, Wang C, Li YF, Kurihara H, He RR (2015). Comparação da capacidade antioxidante de alcalóides de purina: um trio novo e eficiente para triagem e descoberta de potenciais antioxidantes *in vitro* e *in vivo*. Food Chemistry 176: 411-419.
Upadhyay N, Ganie SA, Agnihotri RK, Sharma R (2013). Estudos sobre a atividade antioxidante e o conteúdo fenólico total do caule de *Tinospora cordifolia* (Miers.) utilizando modelos *in vitro*. Jornal Americano de Fitomedicina e Terapêutica Clínica 1(8): 617-627.
Upadhyay R, Jha A, Singh SP, Kumar A, Singh M (2013). Solventes adequados para a extração de fenólicos totais, flavonóides e ácido ascórbico de diferentes tipos de painço. Jornal de Ciência e Tecnologia Alimentar 52(1): 472- 478.
Vassallo A, De Tommasi N, Merfort I, Sanogo R, Severino L, Pelin M, Loggia RD, Tubaro A, Sosa S (2013). Esteróides com atividade anti-inflamatória de *Vernonia nigritiana* Oliv. & Hiern. Phytochemistry 96: 288-298.
Venkatesan A, Kathirvel A, Prakash S, Sujatha V (2017). Actividades antioxidantes, antibacterianas e identificação de compostos bioactivos de extractos de casca de *Terminalia chebula*. Radicais Livres e Antioxidantes 7(1): 43-49.
Vijayakumar A, Kumar PP, Jeyaraj B (2013). Atividade antioxidante das sementes de *Illicium griffithi* Hook f. & thoms - *in vitro*. Jornal Asiático de Farmácia e Pesquisa Clínica 6 (2): 269-273.
Vuong QV, Hirun S, Roach PD, Bowyer MC, Phillips PA, Scarlett CJ (2013). Efeito das condições de extração em compostos fenólicos totais e atividades antioxidantes de extratos aquosos de folhas de *Carica papaya*. Jornal de Medicina Herbal 3 (3): 104-111.
Wangchuk P, Sastraruji T, Taweechotipatr M, Keller PA, Pyne SG (2016). Actividades anti-inflamatórias, anti-bacterianas e anti-acetilcolina esterase de dois alcalóides iso quinolina-scoulerine e cceilanthifoline. Natural Product Communications 11: 1801-1804.
Wei L, Zhang W, Yin L, Yan F, Xu Y, Chen F (2015). Otimização da extração de triterpenóides totais das folhas de *Jatropha curcas* usando metodologia de superfície de resposta e avaliações de suas capacidades antimicrobianas e antioxidantes. Revista Eletrónica de Biotecnologia 18(2): 8895.
Wu SF, Chang FR, Wang SY, Hwang TL, Lee CL, Chen SL, Wu YC (2011). Neoflavonóides anti-inflamatórios e citotóxicos e benzofuranos de *Pterocarpus santalinus*. Jornal de Produtos Naturais 74(5): 989-996.
Xie X, Zhou X, Chen W, Long L, Li W, Yang X, Li S, Wang L (2015). L312, um novo ligante PPARγ com potente atividade antidiabética por regulação seletiva. Biochimica et Biophysica Ata (BBA)-Sujeitos Gerais 1850(1): 62-72.
Yan LL, Zhang YJ, Gao WY, Man SL, Wang Y (2009). Atividade anticancerígena in *vitro* e *in vivo* de saponinas esteróides de *Paris polyphylla* var. yunnanensis.

Experimental Oncology 31(1): 27-32.
Zakaria ZA, Hisam EA, Rofiee MS, Norhafizah M, Somchit MN, Teh LK, Salleh MZ (2011). Atividade antiulcerosa *in vivo* do extrato aquoso da folha de *Bauhinia purpurea*. Journal of Ethnopharmacology 137(2): 1047-1054.
Zhang W, Zhao X, Sun C, Li X, Chen K (2015). Composição fenólica de diferentes cultivares de nêspera (*Eriobotrya japonica* Lindl.) cultivadas na China e suas propriedades antioxidantes. Molecules 20(1): 542-555.
Zilic S, Sukalovic VHT, Dodig D, Maksimovic V, Maksimovic M, Basic Z (2011). Atividade antioxidante de cereais de grão pequeno causada por fenólicos e antioxidantes solúveis em lípidos. Journal of Cereal Science 54(3): 417-424.

MIX
Papier aus verantwortungsvollen Quellen
Paper from responsible sources
FSC® C105338

Printed by Books on Demand GmbH, Norderstedt / Germany